Adriana Galindo Dalto

Méiobenthos du Lagon Sud-Ouest de la Nouvelle-Calédonie

Adriana Galindo Dalto

Méiobenthos du Lagon Sud-Ouest de la Nouvelle-Calédonie

Réponses aux Perturbations d'Origine Anthropique et Terrigène

Presses Académiques Francophones

Impressum / Mentions légales
Bibliografische Information der Deutschen Nationalbibliothek: Die Deutsche
Nationalbibliothek verzeichnet diese Publikation in der Deutschen Nationalbibliografie;
detaillierte bibliografische Daten sind im Internet über http://dnb.d-nb.de abrufbar.
Alle in diesem Buch genannten Marken und Produktnamen unterliegen warenzeichen-,
marken- oder patentrechtlichem Schutz bzw. sind Warenzeichen oder eingetragene
Warenzeichen der jeweiligen Inhaber. Die Wiedergabe von Marken, Produktnamen,
Gebrauchsnamen, Handelsnamen, Warenbezeichnungen u.s.w. in diesem Werk berechtigt
auch ohne besondere Kennzeichnung nicht zu der Annahme, dass solche Namen im Sinne
der Warenzeichen- und Markenschutzgesetzgebung als frei zu betrachten wären und
daher von jedermann benutzt werden dürften.

Information bibliographique publiée par la Deutsche Nationalbibliothek: La Deutsche
Nationalbibliothek inscrit cette publication à la Deutsche Nationalbibliografie; des
données bibliographiques détaillées sont disponibles sur internet à l'adresse http://dnb.d-
nb.de.
Toutes marques et noms de produits mentionnés dans ce livre demeurent sous la
protection des marques, des marques déposées et des brevets, et sont des marques ou des
marques déposées de leurs détenteurs respectifs. L'utilisation des marques, noms de
produits, noms communs, noms commerciaux, descriptions de produits, etc, même sans
qu'ils soient mentionnés de façon particulière dans ce livre ne signifie en aucune façon que
ces noms peuvent être utilisés sans restriction à l'égard de la législation pour la protection
des marques et des marques déposées et pourraient donc être utilisés par quiconque.

Coverbild / Photo de couverture: www.ingimage.com

Verlag / Editeur:
Presses Académiques Francophones
ist ein Imprint der / est une marque déposée de
AV Akademikerverlag GmbH & Co. KG
Heinrich-Böcking-Str. 6-8, 66121 Saarbrücken, Deutschland / Allemagne
Email: info@presses-academiques.com

Herstellung: siehe letzte Seite /
Impression: voir la dernière page
ISBN: 978-3-8381-7259-0

REMERCIEMENTS

Le travail exposé dans cette livre n'aurait pu être réalisé sans le soutien scientifique et amical de nombreuses personnes que j'ai rencontrées pendant mes séjours au Centre IRD de Nouméa, à l'Observatoire Océanologique de Banyuls-sur-Mer et au CCA de l'Université de La Rochelle. Toutes ne pourront être citées ici, tant la liste est longue, mais j'espère qu'elles se reconnaîtront. Ce travail a été financé par l'UMR 7621 (Laboratoire d'Océanographie Biologique de Banyuls, équipe Benthos), le Programme National sur l'Environnement Côtier (PNEC), l'UMR 148 (Systématique, Adaptation, Évolution) du Centre IRD de Nouméa et l'Université Santa Úrsula (Rio de Janeiro, Brésil). Je dois également remercier le Centre Commun d'Analyses (CCA) de l'Université de la Rochelle et l'UR 103 (Caractérisation et modélisation dans les écosystèmes lagunaires - CAMÉLIA) ainsi que l'US 025 (Interventions à la mer et observatoires océaniques) du Centre IRD de Nouméa. Mes plus vifs remerciements et toute ma reconnaissance vont à mes responsables scientifiques. Tout d'abord à Dr. Alain Dinet, mon directeur de thèse ; À Dr. Bertrand Richer de Forges, mon responsable scientifique à Nouméa; À Dr. Antoine Grémare, pour l'encadrement scientifique ; À Dr. Dennis Fichet, pour la collaboraction scientifique. Dr. Nicole Coineau et à Dr. Jean-Michel Amouroux pour tout conseils et suggestions, qui m'ont considérablement aidée et guidée pendant mes réflexions sur mon sujet de travail.

À mon Pére et à ma Mére

PRÉFACE

L'activité minière et le développement urbain de Nouméa sont les principales sources de perturbations environnementales dans le Lagon Sud-Ouest de Nouvelle-Calédonie. Ces activités sont responsables des apports de matériel particulaire d'origine terrigène et anthropique (apports urbains, agricoles et miniers) dans le Lagon, qui peuvent avoir des effets potentiellement inhibiteurs pour les organismes de la région. Afin d'estimer l'influence de ces apports sur le méiobenthos une étude sur sa répartition spatio-temporelle est menée dans les fonds vaseux de quatre baies situées à proximité de Nouméa. En juillet et décembre 2002 (saison sèche et début de la saison humide) une série de prélèvements a permis d'analyser les facteurs environnementaux, les caractéristiques du sédiment (granulométrie, carbone, azote, potentiel redox, acides aminés totaux (AAT) et disponibles (AAD), les pigments chlorophylliens du microphytobenthos, les rapports C/N et AAD/AAT, les concentrations en métaux (Ni, Cr, Mn, Co, Zn, Pb et Cu) et le méiobenthos, dans les 5 cm supérieurs du sédiment. Une évaluation de l'accumulation des métaux par la biomasse des Nématodes présents dans ces baies est réalisée en mai 2003. Les résultats montrent que la variabilité spatiale est plus importante que la variabilité saisonnière. Cette dernière est limitée aux caractéristiques biochimiques du sédiment et plus spécifiquement à sa fraction organique labile (Pheo$a$, AAD, AAD/AAT et Pheo$a$/Chl$a$). Deux groupes de métaux sont identifiés : 1) Cr, Mn, Co et Ni, provenant de l'érosion des sols et des activités minières; 2) Zn, Cu et Pb, provenant des activités urbaines. Le nickel et le chrome présentent les concentrations les plus élevées, surtout dans la Baie de Boulari et la Grande Rade, où elles peuvent atteindre des valeurs environ 50 fois plus élevées qu'en Baie Maa (site de référence). La contribution des Nématodes est plus élevée dans les sites les plus pollués, comme la Grande Rade, la Baie de Dumbéa et la Baie de Sainte-Marie. Les densités les plus élevées en méiofaune totale, le plus grand nombre de groupes taxonomiques et les abondances les plus fortes des Copépodes s'observent dans les baies sans influence anthropique ou uniquement en présence d'apports d'origine terrigène (Baie Maa et Baie de Boulari). Les Nématodes accumulent fortement les métaux, spécialement le Ni, le Co, le Mn et le Cr. Les concentrations les plus élevées sont mesurées dans la Grande Rade et dans la Baie de Boulari, tant dans les Nématodes que dans le sédiment. Mes résultats suggèrent que le méiobenthos du Lagon Sud-Ouest est plus affecté par la qualité de la matière organique que par les concentrations en métaux.

TABLE DE MATIÈRES

II

III

I- INTRODUCTION

I.1– Les principales perturbations du domaine côtier : contaminants et enrichissement organique

Les régions côtières subissent très souvent l'influence des apports d'origine anthropique auxquels sont associés des contaminants, tels que les métaux, les composés organiques, les nutriments et le carbone organique (Kennish, 1992). Ces apports parviennent en milieu marin par le transport de matériel terrigène provenant de l'érosion du sol. Cette érosion se trouve actuellement favorisée par la déforestation et l'urbanisation des régions côtières. Les décharges des eaux usées urbaines et industrielles, qui sont le plus souvent insuffisamment traitées, contribuent également à l'augmentation des apports continentaux ainsi que l'utilisation des fertilisants en agriculture (Kennish, 1992; ISRS, 2004).

Récifs de coraux, lagons, mangroves et stromatolites sont parmi les habitats les plus typiques des écosystèmes tropicaux côtiers. Ces écosystèmes présentent des caractéristiques environnementales uniques et complètement différentes de celles des régions côtières tempérées (i.e., température, intensité lumineuse élevées, évaporation et précipitations élevées, influence du phénomène ENSO[1]) (Alongi, 1998). Dans ces régions, et particulièrement dans les estuaires et les lagons, l'impact des apports d'origine anthropique est susceptible d'être amplifié pendant la saison des pluies. Cette dernière exerce en particulier des effets directs sur le transport, la distribution et la sédimentation des particules et des nutriments. Ainsi, les débits des rivières en Nouvelle-Calédonie sont généralement inférieurs à 5 $m^3.s^{-1}$ pendant la saison sèche, mais peuvent atteindre 500 $m^3.s^{-1}$ pendant les dépressions tropicales (Bujan *et al.*, 2000).

D'une manière générale, les sédiments présentent des fortes concentrations en contaminants. Ceux-ci sont en général associés aux sédiments fins. Cette fraction comprend des argiles, mais aussi une proportion importante de la matière organique particulaire. Les particules fines sont très cohésives et chargées négativement. Elles ont une surface de contact très importante qui favorise leur capacité à adsorber les éléments contaminants. La matière organique sédimentaire présente elle aussi des caractéristiques lui permettant : (1) de

---

[1] ENSO (El-Niño Southern Oscillation) : variations atmosphériques qui peuvent provoquer des changements immédiats à l'environnement sur une échelle globale, avec d'importantes conséquences biologiques.

1

s'adsorber à la surface des particules argileuses et (2) de complexer de nombreux contaminants métalliques et composés organiques (Burton, 1992; Geffard, 2001; Ansari et al., 2004).

Le pH, le potentiel redox, la solubilité aqueuse de la substance contaminante, son affinité avec le carbone organique particulaire et le carbone organique dissous, la granulométrie et la composition minérale du sédiment (oxydes de Fer, Manganèse et Aluminium) ainsi que sa teneur en sulfures, sont parmi les facteurs qui interviennent de manière prédominante sur les phénomènes d'adsorption et d'absorption des contaminants (Ansari et al., 2004).

Comme indiqué ci-dessus, les métaux et l'enrichissement organique sont parmi les types les plus communs de pollution rencontrés dans le domaine côtier. Les métaux existent naturellement dans l'environnement et sont classés comme essentiels et non essentiels. Dix-sept métaux sont considérés comme essentiels, dont quatre (Na, K, Ca, et Mg) sont présents en grande quantité dans l'environnement (>1mmole kg^{-1} de poids frais), et treize (As, Cr, Co, Cu, Fe, Mn, Mo, Ni, Se, Si, Sn, V et Zn) sont présents seulement à l'état de trace (<0,001 mmole kg^{-1} de poids frais). Les métaux non essentiels sont ceux qui n'ont aucun rôle biologique connu : comme le Pb, le Hg, le Cd et le Ag. Ils sont considérés comme nocifs et peuvent causer des effets délétères aux organismes vivant (Mason & Jenkins, 1995). Cependant, il convient également de noter qu'un élément essentiel peut également devenir toxique lorsqu'il est présent en fortes concentrations. Les activités minières, l'exploitation de combustibles fossiles et les activités industrielles (i.e., pesticides, peinture, textile, fertilisants, produits pharmaceutiques) sont parmi les principales sources de métaux d'origine anthropique.

L'enrichissement organique intervient lorsque des quantités de carbone organique et de certains éléments nutritifs apportés dans un environnement donné deviennent beaucoup plus élevées que les concentrations que l'on trouve naturellement dans ce même environnement. Les principales sources d'enrichissement organique dans les estuaires et les autres écosystèmes côtiers sont les apports d'eaux usées urbaines et industrielles, et les sources de pollution non ponctuelles (Kennish, 1992). Les sources non ponctuelles sont également appelées diffuses. Elles correspondent par exemple au transport des contaminants hors des étendues continentales par le ruissellement des eaux des pluies. Les sources non ponctuelles résultent fréquemment des activités agricoles, forestières et urbaines, ainsi que de l'exploitation minière et de l'aménagement des cours d'eau (Jain et al., 1998).

I.2- La biodisponibilité et la bioaccumulation

Le sédiment constitue à la fois l'habitat de nombreux organismes benthiques et l'un des principaux réservoirs de contaminants. Les concentrations des contaminants dans le sédiment sont fréquemment plus élevées que dans la colonne d'eau (Burton, 1992; Bryan et Langston, 1992; Wang *et al.*, 1999; Long, 2000). Les sédiments peuvent par conséquent devenir : 1) très toxiques pour les organismes benthiques; et 2) une source de contaminants pour toute la chaîne trophique associée (Ansari *et al.*, 2004).

L'association des organismes benthiques et des contaminants peut traduire une simple adsorption du contaminant sur les parois corporelles ou bien son incorporation effective dans les tissus de l'organisme (Chapman & Long, 1983; Geffard, 2001). L'incorporation des contaminants par les organismes benthiques peut elle-même se faire soit par absorption directe à travers la surface corporelle, soit par ingestion, absorption puis assimilation de matériaux (sédimentées ou en suspension) enrichis en contaminants (Kennish, 1992). La présence d'une substance contaminante dans un organisme vivant est l'évidence que cette substance présente dans l'environnement est, au moins en partie, sous une forme biodisponible (Ravera, 2001).

La **biodisponibilité** est la mesure de la capacité d'une substance à être assimilée par les tissus des organismes. La biodisponibilité constitue certainement le facteur le plus important pour la détermination du degré selon lequel un contaminant présent dans l'eau ou dans les sédiments peut pénétrer dans la chaîne alimentaire et s'accumuler dans les tissus biologiques (Commission OSPAR, 2000). Plusieurs facteurs physiques, chimiques et biologiques peuvent influencer la biodisponibilité d'un élément chimique (i.e., son type moléculaire et sa spéciation, les caractéristiques physico-chimiques du sédiment, les processus de remise en suspension et de bioturbation, et enfin le type trophique et la physiologie de l'organisme considéré) (EPA, 2000). La connaissance des processus qui affectent la biodisponibilité des contaminants dans le sédiment est absolument nécessaire pour comprendre les mécanismes qui conditionnent la toxicité et la bioaccumulation de ces substances en milieu naturel (Ansari *et al.*, 2004).

La **bioaccumulation** est le processus par lequel les substances chimiques sont retenues par les organismes, soit par absorption directe, soit par la consommation d'aliments contenant ces substances (Kennish, 1992; Kennedy & Jacoby, 1999; EPA, 2000). Les connaissances des concentrations en contaminants dans le sédiment et dans les organismes

3

sont nécessaires pour évaluer leurs transferts dans le réseau trophique et le potentiel de toxicité du sédiment. Le transfert de contaminants dans le réseau trophique peut entraîner une augmentation de concentration depuis les organismes producteurs jusqu'aux consommateurs supérieurs. Cette accumulation progressive le long de la chaîne trophique est désignée sous le terme de **biomagnification** (Ravera, 2001).

McCarty & Mackay (1993) ont proposé d'étudier la bioaccumulation des contaminants comme indicateur de la qualité du milieu. Selon Kennish (1992) la bioaccumulation de contaminants dans les tissus des organismes aquatiques est particulièrement importante. Ces organismes peuvent présenter des concentrations bien plus élevées en contaminants que celles de leur environnement (Ravera, 2001). Selon Szefer *et al.* (1998), le calcul du facteur de bioaccumulation permet d'évaluer la capacité relative des organismes à adsorber et absorber/assimiler certains contaminants dans le milieu dans lequel ils vivent. Le facteur de bioaccumulation (BSAF- *Biota-Sediment Accumulation Factor*) est déterminé à partir du rapport entre les concentrations du contaminant dans le sédiment et celles du contaminant dans l'organisme (EPA, 1995; 2000).

Plusieurs guides pour la qualité des sédiments ont été développés pour les écosystèmes marins et dulçaquicoles de certaines régions des États Unis, du Canada, de la Grande-Bretagne et de l'Australie (i.e., NOAA, 1999; EPA, 1997; ANZECC, 2000). Ces guides sont fréquemment utilisés comme des outils pour interpréter les données issues des programmes de surveillance environnementale, ainsi que dans les évaluations des risques écologiques (Long, 1992; MacDonald *et al.*, 1996; Birch & Taylor, 2002). Leurs critères sont établis pour différents éléments chimiques (métaux, PAHs, PCBs et pesticides) à partir : (1) de bases de données sur les effets biologiques des sédiments contaminés, (2) de tests de toxicité biologique *in vitro*, et (3) d'études *in situ* (Long et Morgan, 1990; NOAA, 1999; Long *et al.*, 1995; EPA, 1997; NOAA, 1999). Ces critères n'ont été pas créés pour remplacer l'utilisation des tests biologiques ni pour évaluer avec exactitude la toxicité d'un milieu, mais pour servir comme outils pratiques et relativement fiables dans les études d'impact.

I. 3- La méiofaune comme outil biologique dans les études d'impact

Les qualités du méiobenthos en tant qu'indicateur d'impact, ainsi que sa capacité à accumuler des contaminants sont connues depuis de nombreuses années (Giere, 1993; Kennedy & Jacoby, 1999). Cette propriété est liée à des caractéristiques telles que : une densité et une diversité élevées sur de petites surfaces, un temps de génération court, une reproduction continue et un cycle de vie holobenthique (Giere, 1993; Warwick *et al*., 1988; Somerfield *et al*., 1994; Austen & McEvoy, 1997).

Les études sur les effets des polluants comparent fréquemment la densité et la diversité d'une surface polluée avec une surface semblable non polluée, dénommée surface de référence (Coull & Chandler, 1992). Selon ces auteurs, les effets des contaminants sur la méiofaune dépendent de l'agent contaminant, des espèces présentes, ainsi que du degré et du temps d'exposition au contaminant. L'évaluation de ces effets dépend aussi de la durée pendant laquelle une étude est conduite sur le terrain ou en microcosme. Lors des études *in situ*, l'abondance des principaux taxons, la diversité des espèces et la composition de la communauté sont analysées par des méthodes statistiques, uni- ou multi-variées. Les études en microcosme permettent de tester les effets de l'exposition à long terme dans une communauté ou une population (Coull & Chandler, 1992).

Plusieurs auteurs, ont montré que les Nématodes et les Copépodes présentent des réponses différentes aux perturbations environnementales. La pollution organique provoque une nette diminution de la contribution des Copépodes et une augmentation de celle des Nématodes (Warwick, 1981; Amjad & Gray, 1983; Gee *et al*., 1985; Higgins & Thiel, 1988; Giere, 1993). Dans le cas des métaux, les recherches réalisées en laboratoire sur les Nématodes et les Copépodes ont mis en évidence des effets létaux et sub-létaux sur ces organismes. Il s'agit, par exemple, d'une réduction de la fécondité et d'une augmentation du temps de développement lorsque les concentrations en métaux sont plus élevées (Somerfield *et al*., 1994).

Les Nématodes sont depuis longtemps utilisés dans des tests de toxicité comme bioindicateurs de pollution. Dans une étude récente, Bangers & Ferris (1999), ont démontré les avantages de l'utilisation des Nématodes comme indicateurs. Selon ces auteurs, ces avantages sont liés au fait que :

1) Ce sont les métazoaires les plus simples et qu'ils sont présents dans différents environnements, sous toutes les conditions climatiques et dans des habitats allant de non pollué à extrêmement pollué;

2) Leur cuticule est en contact direct avec l'environnement;

3) Ils ne migrent pas rapidement face à des conditions de stress, et beaucoup d'espèces survivent à la déshydratation, à la congélation et même à des conditions d'anoxie;

4) Ils sont transparents, ce qui permet le diagnostic de leurs structures internes sans dissection;

5) Il existe une relation forte entre structure et fonction (i.e., le type trophique est facilement identifié à partir de la structure de la cavité buccale et du pharynx);

6) Ils répondent rapidement aux perturbations et à l'enrichissement du milieu.

I.4- Le contexte particulier de la Nouvelle-Calédonie

L'influence des apports anthropiques sur le milieu côtier, ainsi que la réponse des organismes marins est susceptible de se trouver amplifiée dans des milieux confinés ou semi confinés, soumis à des apports intenses. Ceci est en particulier le cas en Nouvelle-Calédonie, du fait de fortes activités minières et de l'existence de plusieurs lagons dont le Lagon Sud-Ouest.

Les substrats meubles couvrent environ 95% de la surface du Lagon Sud-Ouest (Chardy *et al.* 1988, Chardy & Clavier 1988). Ils ont été étudiés depuis 1950 par Catala (1950, 1958, 1964 et 1979), Salvat (1964 et 1965), Taisne (1965), Thomassin (1981), Chevillon (1985, 1986, 1992 et 1997), Richer de Forges *et al.* (1987), Richer de Forges (1991; 1996; 1997) et font actuellement l'objet d'inventaires faunistiques développés par l'IRD dans le cadre des programmes SNOM, LAGON, ECOTROPE et CAMELIA. La première étude sur la méiofaune du Lagon Sud-Ouest a été réalisée à partir du matériel récolté par l'Expédition Française sur les Récifs Coralliens de Nouvelle-Calédonie organisée sous l'Égide de la Fondation Singer-Polignac (Salvat, 1964 et 1965). En 1965, Renaud-Debyser a publié une note préliminaire sur la microfaune des fonds meubles du Lagon Sud-Ouest et plus particulièrement de la région de la Baie de Saint-Vincent. Les caractéristiques sédimentologiques de chaque station où la méiofaune est étudiée y sont détaillées, ainsi qu'une liste de tous les spécialistes auxquels différents groupes de la méiofaune ont été envoyés pour identification. Les résultats finaux de ces investigations ont été publiés dans les volumes II et IV de l'Expédition Française sur les Récifs Coralliens de Nouvelle-Calédonie (1967 et 1972, respectivement), qui comprennent la description des groupes suivants :

Nématodes, Polychètes, Archiannélides, Kinorhynches, Tardigrades, Ostracodes et Isopodes. Une vingtaine d'années plus tard, Clavier *et al*. (1990) et Boucher & Clavier (1990) ont publié les données de la croisière du N.O. Alis de 1988 sur le Lagon Sud-Ouest de la Nouvelle-Calédonie. En 1997, Boucher a étudié la biodiversité des Nématodes (33 familles et 172 genres) du Lagon Sud-Ouest.

Les sources de perturbations environnementales du Lagon Sud-Ouest font actuellement l'objet de recherches, essentiellement développées dans le cadre du Programme National pour l'Environnement Côtier (PNEC) depuis 1999. D'autres études, associées ou non au PNEC, s'intéressent à l'impact des métaux sur l'écosystème lagunaire de la Nouvelle-Calédonie (i.e. Launay, 1972; Monniot *et al*., 1994; Ambatsian *et al*., 1997; Bustamante *et al*., 2000; Breau, 2003; Bustamante *et al*., 2003; Fichez *et al*.,2005). Les activités minières et le développement urbain de Nouméa sont les principales sources de perturbations environnementales de la Nouvelle-Calédonie (Labrosse *et al*., 2000). Les activités minières concernent principalement l'exploitation du nickel à ciel ouvert. Cette exploitation contribue à la déforestation de la chaîne montagneuse et des régions voisines et provoque une augmentation des apports terrigènes dans la zone côtière de l'île. Les effets de cette exploitation sont aujourd'hui visibles dans les deltas, les chenaux, les embouchures de rivières et les régions côtières adjacentes (Bird *et al*., 1984; Chevillon, 1997).

Comme on l'a vu plus haut, la méiofaune et les concentrations en métaux des sédiments du Lagon Sud-Ouest ont déjà été étudiées. Cependant aucune étude concernant l'interaction entre ces deux paramètres n'a encore été conduite, et ceci en dépit du fort niveau potentiel de contamination des sédiments résultant : (1) d'une activité minière intense, (2) de l'urbanisation de la zone de Nouméa et (3) d'un régime climatique caractérisé par des perturbations particulièrement importantes en saison humide.

Dans ce contexte, les objectifs de cette étude consistaient à étudier :
1- Les variabilités saisonnières et spatiales des variables environnementales, des caractéristiques physico-chimiques et biochimiques des sédiments superficiels;
2- Les variabilités saisonnières et spatiales des concentrations en métaux des sédiments superficiels;
3- Les distributions spatiales et temporelles des groupes taxonomiques majeurs du méiobenthos des fonds vaseux de la région sublittorale de quatre baies du Lagon Sud-Ouest

de la Nouvelle-Calédonie;

4- Les relations entre la méiofaune (totale, Nématodes et Copépodes) et les variables environnementales, les caractéristiques physico-chimiques et biochimiques, et les concentrations en métaux du sédiment superficiel. Cet objectif revient en fait à identifier les principaux facteurs qui contrôlent la densité et la distribution de la méiofaune dans les environnements étudiés;

5- Les concentrations métalliques de la nématofaune.

L'ensemble de ces objectifs a permis d'évaluer : (1) l'influence des perturbations environnementales induites par l'impact des apports urbains et miniers sur le méiobenthos du Lagon Sud-Ouest de la Nouvelle-Calédonie; et (2) la capacité de la méiofaune à être utilisée en tant qu'outil biologique dans les études d'impacts à nature environnementale conduites au sein de ce Lagon.

II- DESCRIPTION DE LA RÉGION D'ÉTUDE

II.1- Description du Territoire

La Nouvelle-Calédonie est un archipel situé dans le Pacifique Sud, au Nord-Est de l'Australie, dans la région de la Mer de Corail, entre les latitudes 20°S et 22°30'S et les longitudes 164°E et 167°E (Fig. 1). Cet archipel est composé d'une grande île montagneuse (La Grande Terre), de l'île des Pins au Sud, des îles Belep au Nord, et des quatre îles Loyautés (Ouvéa, Lifou, Tiga et Maré) à l'Est. La Grande Terre a une surface d'environ 16.890 km², et s'étend sur 400 km de longueur et 50 km de largeur; elle est entourée par un récif barrière pratiquement continu qui s'étend sur 1.600 km, du Nord au Sud de l'île (Richer des Forges , 1991; Gabrié, 1998).

Cette barrière de corail délimite quatre lagons dont la surface totale est estimée à 23.400 km² (Testau et Conand, 1983). Ces quatre lagons sont : le Lagon Nord-Est, le Lagon de la Côte Est, le Lagon de la Côte Ouest et celui du Sud-Ouest (Fig.1). Le territoire de la Nouvelle-Calédonie comprend également cinq atolls : l'Atoll de Chesterfield (4.815 km²), celui de Huon (315 km²), et ceux de Surprise (480 km²) et de Beautemps-Beaupré (120 km²) (Chevillon, 1996).

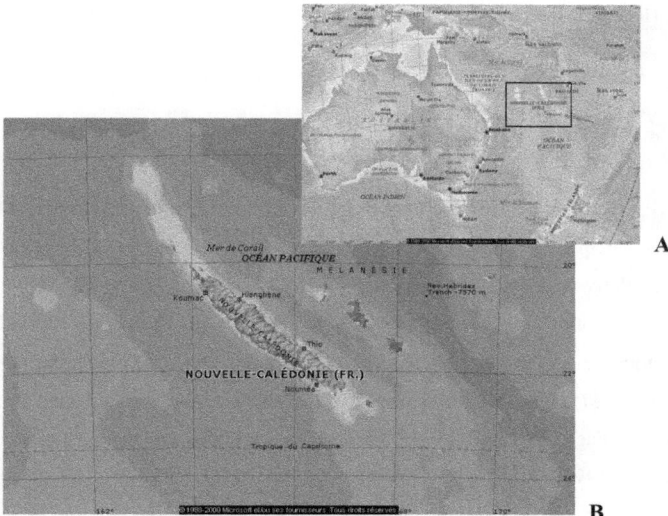

Figure 1 : A. Localisation de la Nouvelle-Calédonie dans le Pacifique Sud. **B.** Carte de la Nouvelle-Calédonie, avec les villes les plus importantes.

II.2- Caractéristiques climatologiques du Territoire

La Nouvelle-Calédonie est située au nord du Tropique du Capricorne, où elle bénéficie d'un climat tempéré qualifié de tropical océanique. Il existe deux saisons principales, la saison chaude et humide, et la saison fraîche et sèche. La saison chaude et humide s'étend de mi-novembre à mi-avril, et se caractérise par le passage de dépressions tropicales qui évoluent parfois en cyclones tropicaux, qui peuvent affecter le territoire en provoquant de fortes pluies. Les températures moyennes sont comprises entre 25 et 27 °C. La saison fraîche et sèche s'étend de mi-mai à mi-septembre; les températures diminuent et sont les plus basses de l'année (19 à 20 °C), la pluviosité est à son minimum et les alizés soufflent en quasi permanence. Ces deux saisons sont séparées par deux saisons transitoires. La première d'entre elles va de mi-avril à mi-mai et la deuxième de mi-septembre à mi-novembre.

Le régime des vents est caractérisé par un alizé de Sud-Est dominant, ponctué par des coups de vent d'Ouest. Le vent, presque toujours présent sur la région, est parfois soutenu pendant plusieurs semaines. Les moyennes annuelles de sa vitesse sont comprises entre 4,5 et 7 $m.s^{-1}$. Au début et à la fin de la saison humide, le vent se renforce et dépasse fréquemment 10 $m.s^{-1}$. Pendant la saison sèche, le régime de vent subit l'influence de l'intrusion d'air polaire et certains coups de vent de secteur Ouest peuvent dépasser 20 $m.s^{-1}$ pendant un court laps de temps (Rougerie, 1986).

II.3- Le réseau hydrographique

La Grande Terre comprend un réseau hydrographique dense, composé de plus de quarante fleuves et rivières (Fig.2). Ces cours d'eau sont généralement orientés transversalement par rapport à la chaîne montagneuse qui divise l'île longitudinalement en Côte Est et Côte Ouest. Les régimes hydrologiques de ces deux côtes sont différents, la Côte Ouest, tournée vers la Mer de Corail, reçoit deux fois moins de précipitations que la Côte Est (Conand, 1987) (Fig. 3). La saisonnalité du régime hydrologique est bien marquée, avec une période d'étiage de juillet à décembre et des périodes de crues entre décembre et avril (Chevillon, 1997).

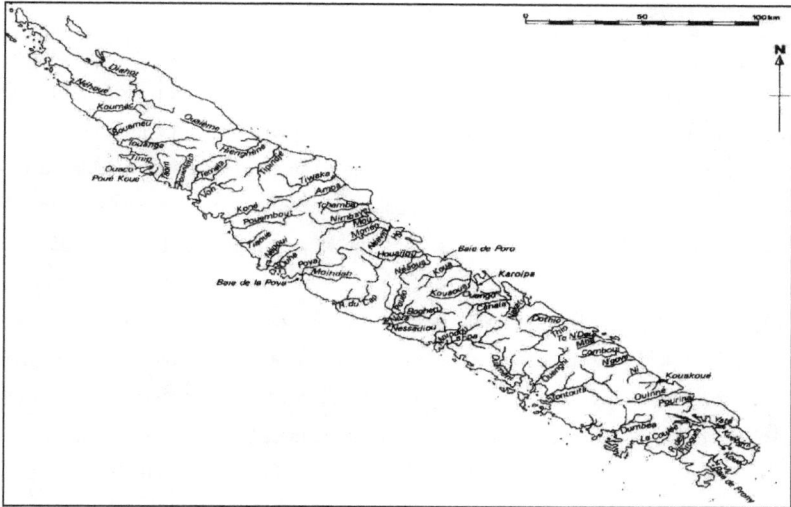

Figure 2 : Principaux cours d'eau de la Grande Terre (d'après Bird *et al.* 1984).

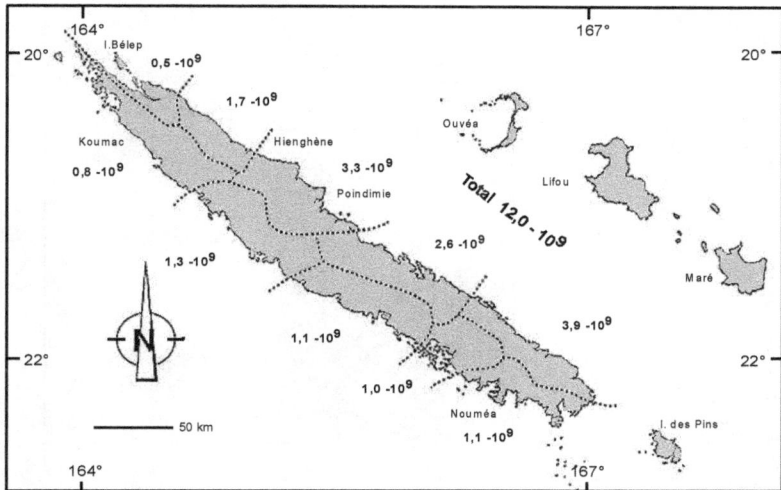

Figure 3 : Apports d'eau (en m³/an) dans les lagons de Nouvelle-Calédonie (d'après Conand, 1987).

11

II.4- Les caractéristiques géologiques du Territoire

Les sols de Nouvelle-Calédonie sont constitués à 40% par des roches ultrabasiques riches en oxydes de Fe et de Mn, et en métaux de transition (Mn, Ni, Cr et Co), mais très pauvres en éléments minéraux essentiels comme l'azote, le phosphore, le carbone et le potassium. Cette couche rocheuse, constituée principalement de péridotite (à laquelle sont associés le nickel, le chrome et le cobalt) a été soulevée en surface à la suite d'un phénomène géologique d'obduction datant de l'Eocène supérieur (-37 millions d'années) (Lanay, 1972; Paris, 1981).

Les péridotites sont des roches très sensibles aux conditions de surface, surtout dans les régions tropicales et sub-tropicales. Leur l'altération génère en premier lieu des saprolithes[2], des latérites jaunes, puis des latérites rouges (la "terre rouge"), de la grenaille et enfin une cuirasse ferrugineuse (Fig.4). La cuirasse ferrugineuse, la grenaille et les latérites rouges présentent une teneur très faible en nickel (environ 0,3 à 0,5 % pour la cuirasse, et 1% pour la latérite rouge). Seules la latérite jaune et les saprolithes sont réellement exploitables (Carey, 1981; Bird et al. 1984).

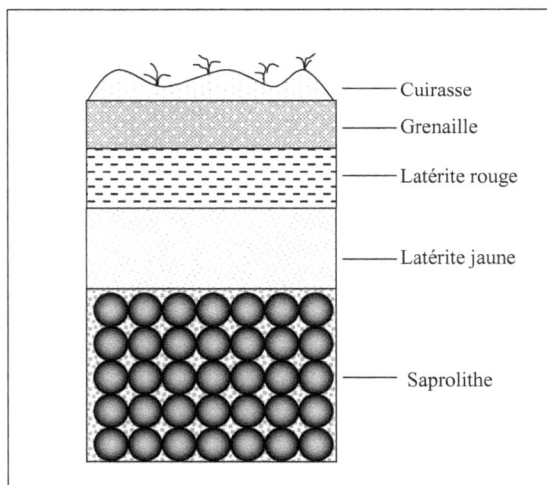

Figure 4 : Profil de la transformation de la péridotite dans le sol.

---

[2] Péridotites partialement altérées, mais la structure de la roche-mère est encore reconnaissable.

II.5- Caractéristiques socio-économiques

La population de la Nouvelle-Calédonie a dépassé 263.000 habitants en 2004 (Décret no. 2005-807 du 18 juillet 2005), dont la majorité habite à Nouméa et dans la région qui l'entoure. Nouméa et les communes de Dumbéa, Païta et Mont-Dore représentent 60% de la population totale du territoire. Les principales ressources économiques de la Nouvelle-Calédonie sont constituées par l'industrie minière, l'agriculture, l'élevage, la pêche, l'aquaculture des crevettes et le tourisme. L'activité minière est la base de l'économie calédonienne depuis plus d'un siècle. Les minerais les plus exploités sont le cuivre, le nickel, le chrome, le cobalt, l'or, l'argent, le plomb, le fer, le manganèse et le charbon. Actuellement, les activités minières et la métallurgie sont essentiellement consacrées au nickel et au cobalt.

Le minerai de nickel a été découvert en Nouvelle-Calédonie en 1863 par M. Garnier, un ingénieur français. Il est exploité depuis la fin du XIXe siècle. La Nouvelle-Calédonie contient 20% des réserves mondiales en nickel, dont 80% sont constituées par des latérites jaunes. Le reste est constitué par des saprolithes, dont la teneur en nickel est élevée (2.5 à 3%). Les méthodes de traitement du minerai de nickel sont la pyrométallurgie et l'hydrométallurgie. La méthode actuellement utilisée en Nouvelle-Calédonie est la pyrométallurgie. L'hydrométallurgie est en cours d'implantation. La pyrométallurgie consiste à faire fondre le minerai dans des fours électriques, tandis que l'hydrométallurgie consiste à mélanger le minerai à de l'eau et à utiliser de l'acide chaud et sous pression (lixiviation) afin d'attaquer les oxydes de fer pour libérer le nickel. Cette dernière méthode sera très prochainement implantée en Nouvelle-Calédonie après la construction de l'Usine de Goro-Nickel. Cette usine est actuellement en travaux et le démarrage de la production est prévu pour septembre 2007. L'hydrométallurgie présente des coûts de production moins élevés que la pyrométallurgie. Elle permet également le traitement du matériel latéritique et la récupération du cobalt (Colin, 2003).

Parmi les sociétés qui se partagent le marché minier en Nouvelle-Calédonie (Fig. 5), la compagnie Le Nickel-SLN, possède la seule usine métallurgique du Territoire: l'usine de Doniambo, à Nouméa. Cette usine traite la garniérite[3] par pyrométallurgie. Sa capacité de production est de 60.000 tonnes.an^{-1}. Elle se repartit en 80% de ferro-nickel (directement utilisable par les producteurs d'inox, et en 20% de matte (destinée à être transformée en nickel

---

[3] Minerai Saprolitique (2,5 à 3% en teneur de nickel). Nom donné par Jules Garnier quand il a découvert le minerai.

métal de haute pureté et en sels de nickel et de cobalt en métropole à la raffinerie de Sandouville). À la Grande Terre, la SLN possède cinq sites miniers en exploitation : Étoile du Nord (sur la Côte Est à 280 Km au Nord-Est de Nouméa), Kouaoua (sur la Côte Ouest à 140 km au Nord de Nouméa), Nepoui-Kopeto (sur la Côte Ouest à 250 Km de Nouméa), Thio (sur la Côte Est à 120 km de Nouméa) et Tiebaghi (sur la Côte ouest à 400 Km au Nord de Nouméa) (Fig. 5).

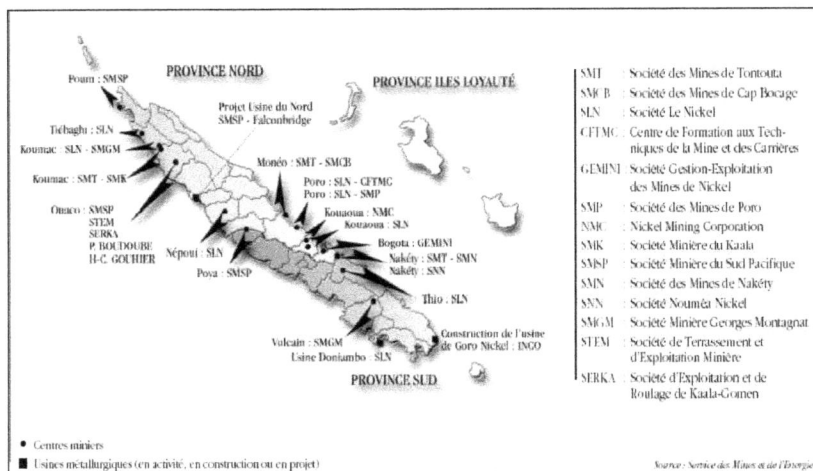

Figure 5 : Les sites miniers en Nouvelle-Calédonie (d'après le Service de Mines et de l'Énergie, NC).

Depuis 2001 d'autres projets de construction d'usines sont en cours d'exécution sur le Territoire, l'usine du Nord et l'usine de Goro-Nickel. L'usine du Nord est un projet de la SMPS (Société Minière du Sud Pacifique) qui s'est associée à la multinationale canadienne Falconbridge (leader mondiale dans le secteur) pour la construction d'une usine pyrométallurgique dans le Massif de Komianbo (au Nord de la Nouvelle-Calédonie), qui permettrait l'extraction annuelle d'environ 150.000 tonnes de nickel et 5.400 tonnes de cobalt. La mise en service de cette usine est prévue pour la fin de 2005. L'usine de Goro-Nickel correspond au projet de la société canadienne INCO, pour la construction d'un site hydrométallurgique dans le sud de Grande Terre (Baie de Prony). Comme signalé plus haut, cette usine est actuellement en cours d'implantation.

La Nouvelle-Calédonie est actuellement le troisième producteur mondial de nickel. Selon l'Institut de la Statistique et des Études Économiques de la Nouvelle-Calédonie (en 2003) il y avait près de 14 ans que la croissance du secteur n'avait pas été aussi élevée. La production métallurgique en 2003 s'élevait à 61.523 tonnes de nickel (SLN), soit 2,8% de hausse par rapport 2002. Selon les prévisions de cet Institut, la hausse du secteur continuera en 2005, avec une augmentation progressive de la capacité de la SLN jusqu'à 75.000 tonnes (ISEE, 2003).

II.6- Description du Lagon Sud-Ouest de Nouvelle-Calédonie

Le Lagon Sud-Ouest de la Nouvelle-Calédonie est également dénommé Lagon de Nouméa (Fig. 6). Il s'étend de Téremba au Nord jusqu'à l'Île des Pins au Sud, avec une surface d'environ 5.554 km² (Richer de Forges, 1991). Il a une forme d'entonnoir, avec d'un côté la côte et de l'autre la barrière de corail. Sa profondeur moyenne oscille entre 15 et 20 m (Douillet, 1998). Les fonds du lagon sont recouverts à 95% de substrats meubles. Les 5% restants sont recouverts de substrats durs (structures coralliennes). Les substrats meubles sont subdivisés en trois types de fonds principaux : les fonds de sables gris, les fonds vaseux et les fonds de sables blancs (Chardy *et al.* 1988, Chardy & Clavier 1988).

Les **fonds de sable gris** représentent 50 % de la surface couverte par les fonds meubles du lagon, et sont principalement situés en son milieu. La biomasse macrobenthique de ce type de substrat est la plus forte du lagon. Ces fonds comportent l'essentiel des peuplements macrophytobenthiques de la région. Les **fonds vaseux** sont associés aux baies côtières et aux vallées sous-marines, qui conduisent aux passes. Ce type de fonds représente 35% de la surface des fonds meubles, et la biomasse la plus faible du lagon. Les peuplements macrobenthiques y sont paradoxalement dominés par les filtreurs. Les **fonds de sable blanc** représentent 15 % des fonds meubles du lagon et sont typiquement localisés à l'arrière du récif. Leurs peuplements benthiques présentent une faible biomasse et sont dominés par les déposivores.

Les stations échantillonnées lors de la présente étude etaient réparties dans les fonds vaseux de quatre baies autour de Nouméa, choisies en raison des apports anthropiques et terrigènes qu'elles reçoivent (Fig. 6, Tableau I).

15

II.6.1- Baie de Koutio-Koueta et Grande Rade

Six stations etaient localisées dans la Baie de Dumbéa : une dans la petite Baie Koutio-Koueta (station D64) et 5 dans la Grande Rade (stations : D02, D07, D09, D11 et D16). Les stations D02 et D09 etaient localisées au fond de la Grande Rade. La station D07 était située à la sortie du chenal de rejets liquides de l'usine de Doniambo. Enfin, les stations D11 et D16 etaient localisées à la sortie de la Grande Rade (Fig. 6, Tableau I).

La Baie de Dumbéa correspond à l'estuaire de la rivière du même nom. Elle est bordée par un ensemble de forêts de mangroves. Comme toutes les régions estuariennes, elle subit l'influence de la rivière et de la mangrove, mais aussi celle d'une forte anthropisation, surtout dans la région proche de la Baie Koutio-Koueta et de la Grande Rade. En Baie de Dumbéa, les apports continentaux sont essentiellement d'origine industrielle et urbaine. Ils proviennent de la zone industrielle de la presqu'île de Ducos, du quartier résidentiel de la Rivière Salé, ainsi que de l'Usine de Doniambo et de son Port. Ces deux derniers sont localisés à l'intérieur de la Grande Rade. L'ostréiculture est en outre pratiquée dans la région située à proximité de la station D64, au fond de la Baie Koutio-Koueta. La production s'y élève à environ 30 tonnes d'huîtres par an (Fig. 6).

II.6.2- Baie de Sainte-Marie

Cinq stations etaient localisées dans la Baie de Sainte-Marie (N04, N10, N12, N19 et N26). Cette baie est située dans une région résidentielle, qui ne reçoit que des apports d'origine urbaine. Les stations N04 et N12 etaient les plus côtières. Elles etaient localisées dans le périmètre d'évacuation des eaux usées des agglomérations situées autour de la baie. La station N10 était localisée à proximité de l'entrée du chenal qui relie la Baie de Sainte-Marie à celle de Boulari. La station N19 était située dans la zone centrale de la Baie, tandis que la station N26 était située à proximité de l'extrémité Sud de l'île de Sainte-Marie (ou île de N'Gèa) (Fig. 6, Tableau I).

II.6.3- Baie de Boulari

Le troisième site étudié était la Baie de Boulari qui comprenait trois stations : B03, B08 et B17. Cette baie est sous l'influence marquée des apports terrigènes provenant de l'érosion du sol et en particulier des anciens sites miniers. Ces apports parviennent dans la baie par l'intermédiaire de la rivière La Coulée. La station B03 était située à proximité immédiate de l'embouchure de cette rivière. Les stations B08 et B17 étaient situées sur un transect orienté vers la Baie de Sainte-Marie si bien que la station B17 se trouvait en face de la Baie de Magenta (Fig. 6, Tableau I).

II.6.4- Baie Maa

Trois stations étaient situées dans la Baie Maa : M23, M25 et M26 (Fig. 6, Tableau I). Cette baie est située au Nord-Ouest de Nouméa, juste à l'Ouest de la Baie de Dumbéa. Il s'agit d'une région non industrialisée, non urbanisée et ne présentant aucun site d'exploitation minière. Cette baie constitue par conséquent le site de référence de la présente étude, ainsi d'ailleurs que celui de l'ensemble des recherches développées dans le Lagon Sud-Ouest dans le cadre du PNEC.

Tableau I : Codes et coordonnées géographiques des stations d'échantillonnage du Lagon Sud-Ouest de la Nouvelle-Calédonie.

Baies	Stations	Latitude S	Longitude E	Profondeur (m)
Baie Maa	M23	22° 12' 33	166° 20' 00	12
	M25	22° 12' 09	166° 20' 39	9
	M26	22° 11' 83	166° 20' 64	4
Grande Rade et Baie de Dumbéa	D02	22° 15' 70	166° 26' 10	4-11*
	D07	22° 15' 23	166° 25' 63	11
	D09	22° 15' 85	166° 25' 40	12
	D11	22° 15' 43	166° 24' 87	13
	D16	22° 15' 15	166° 24' 52	16
	D64	22° 12' 78	166° 26' 23	9
Baie de Sainte-Marie	N04	22° 17' 22	166° 27' 76	10
	N10	22° 17' 48	166° 28' 44	11
	N12	22° 17' 49	166° 27' 93	13
	N19	22° 17' 85	166° 28' 14	13
	N26	22° 18' 39	166° 28' 42	14
Baie de Boulari	B03	22° 15' 03	166° 32' 92	7
	B08	22° 16' 03	166° 31' 26	17
	B17	22° 17' 90	166° 29' 90	18

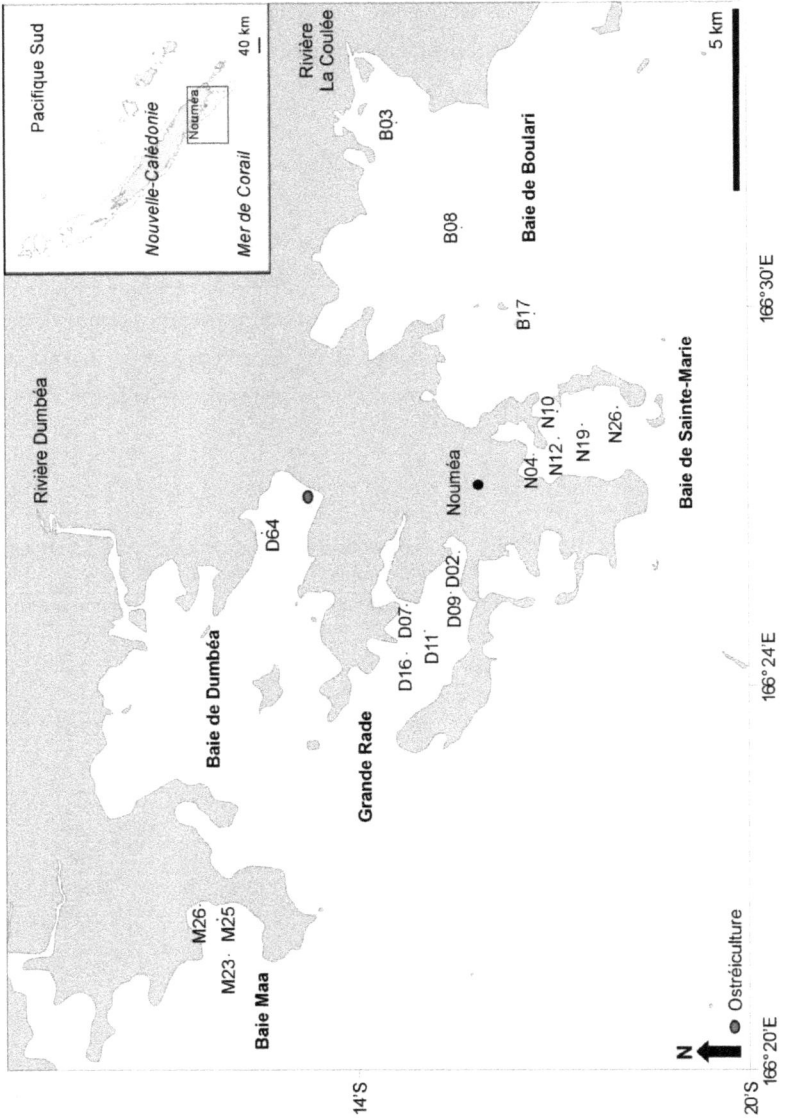

Figure 6 : Lagon Sud-Ouest de Nouvelle-Calédonie avec la localisation des stations d'échantillonnage.

III– MATÉRIEL ET MÉTHODES

III.1– Méthodologie pour l'étude de la distribution spatio-temporelle du méiobenthos et des variables environnementales

III.1.1- Plan d'échantillonnage

Les baies étudiées ont été choisies afin d'évaluer l'impact des apports continentaux qu'elles reçoivent sur la distribution et l'abondance de la méiofaune totale et des principaux groupes faunistiques. Dans chaque baie, les stations échantillonnées lors de la présente étude ont été choisies parmi des sites du Lagon Sud-Ouest déjà suivis par le programme PNEC depuis 1999. Ceci m'a permis de bénéficier des connaissances existantes sur certaines stations étudiées.

Les prélèvements ont été effectués pendant les mois de juillet et de décembre 2002 à bord du N.O. CORIS. Ces mois ont été choisis comme représentatifs de la saison sèche et de la saison humide de manière à étudier la variabilité saisonnière du méiobenthos et des facteurs environnementaux dans les baies autour de Nouméa. Il convient néanmoins de souligner que, pour des raisons logistiques (indisponibilité des moyens navigants et des plongeurs durant les mois suivants), les échantillonnages représentatifs de la saison humide ont été réalisés au tout début de celle ci (décembre 2002). À chaque saison, l'échantillonnage des différentes baies a été réalisé sur quatre jours consécutifs, afin de limiter la variabilité temporelle.

Les variables environnementales mesurées à chaque station ont été sélectionnées parmi les principaux facteurs physiques, chimiques et biochimiques susceptibles de conditionner la distribution et l'abondance des peuplements méiobenthiques. Il s'agit de la température (de l'air et de l'eau), de la pluviosité, de la salinité, de la turbidité, de l'irradiance, de la granulométrie, du potentiel redox, du carbone organique, de l'azote, du microphytobenthos (Chl$a$ et Phaeo a), des acides aminés totaux et disponibles et des métaux (Ni, Co, Mn, Cr, Zn, Cu et Pb).

III.1.2- Échantillonnage du sédiment

Les échantillons de sédiment ont été prélevés par carottage manuel effectué en plongée autonome à l'aide de seringues en plastique de 10 cm^{-2} de section (Fig.7). À chaque station 25 carottes ont été prélevées, de manière à obtenir des échantillons en triplicats pour chaque paramètre, à l'exception des échantillons du méiobenthos pour lesquels 4 carottes ont été réservées à chaque fois.

Seuls les 5 premiers centimètres du sédiment ont été analysés. Cette couche superficielle a été découpée en utilisant une spatule en téflon, puis conservée dans des sachets en plastique stérilisés et référencés (type Whirl-Pak ou Fisherbrand). Cette procédure permet de minimiser les risques de contamination en particulier pour les échantillons destinés aux mesures de métaux. L'épaisseur de la couche découpée a été établie en raison : (1) de la zone d'abondance maximale du méiobenthos, et (2) de l'existence d'une couche sédimentaire inférieure à 10 cm à certaines des stations étudiées. Tous les échantillons de sédiment, à l'exception des échantillons de méiobenthos, ont été conservés dans de la carboglace jusqu'à l'arrivée au laboratoire, où ils ont été conservés dans une chambre froide à -20 °C ou au réfrigérateur, selon le type d'analyse qu'ils devaient subir ultérieurement. Tout le matériel (verrerie, flacons en plastique, spatules et pinces en Téflon) utilisé pour les prélèvements du sédiment et au cours des manipulations au laboratoire a été nettoyé avant et après chaque utilisation à l'aide d'une solution d'acide nitrique à 10% pendant 12 à 24 h, puis conservé dans des sachets en plastique stérile, pour éviter toute contamination.

III.1.3- Échantillonnage des variables et traitement au laboratoire

III.1.3.1- Méiofaune

Les échantillons de sédiment destinés à l'étude de la composition et de l'abondance du méiobenthos ont été sectionnés à la hauteur du 5ème cm, fixés *in situ* avec du formol à 4%, et colorés au rose Bengale. Au laboratoire, le sédiment a été tamisé (maille de 500 µm) pour séparer la macrofaune de la méiofaune. Cette dernière a été retenue sur un tamis à maille de 50µm. Après cette séparation, le sédiment contenant la méiofaune a été une nouvelle fois fixée avant extraction par centrifugation avec du Ludox-HS à 40%, selon la méthodologie décrite par Heip *et al.* (1985). Le protocole a consisté à mélanger le sédiment avec le Ludox ajusté à la densité de 1,15 par addition d'eau distillée. L'échantillon a été ensuite centrifugé à 3500 rpm pendant 30 minutes, puis les organismes méiobenthiques contenus dans le liquide surnageant ont été récupérés sur un tamis à maille de 50 µm, rincés à l'eau et conservés dans du formol à 4%. L'identification des principaux taxons de la méiofaune et leur dénombrement ont été réalisés dans une cuve de Dollfus placée sous un microscope stéréoscopique. La densité des organismes (nombre d'individus.10 cm^{-2}) a été exprimée à partir de la moyenne des 4 carottes de 10 cm².

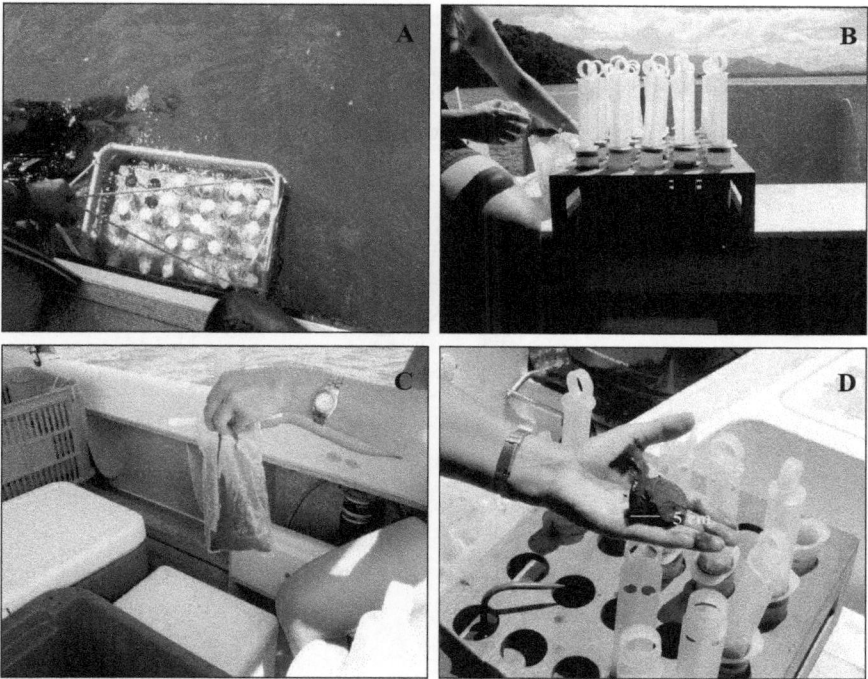

Figure 7 : Carottage du sédiment. **A et B-** Support pour les carottes; **C-** Conditionnement du sédiment (sachets stériles); **D-** Couche 0-5 cm du sédiment.

III.1.3.2- Les facteurs environnementaux

III.1.3.2.1- Conditions climatiques du Lagon Sud-Ouest

Les données de température de l'air et de pluviosité proviennent des stations météorologiques de MÉTÉO-France les plus proches des sites d'étude. Elles correspondent à la période allant de janvier 2002 à janvier 2003. Les données provenant de la station du Phare Amédée et de la station de Magenta ont été utilisées pour la Baie de Dumbéa, pour la Grande Rade et pour la Baie de Sainte-Marie. Les données de la station de Boulari ont été utilisées pour la Baie de Boulari, et celles obtenues à la station du Point Maa pour la Baie Maa (Fig. 8).

Les moyennes mensuelles de température et de pluviosité censées représenter l'ensemble du Lagon Sud-Ouest proviennent de la station météorologique du Phare Amédée.

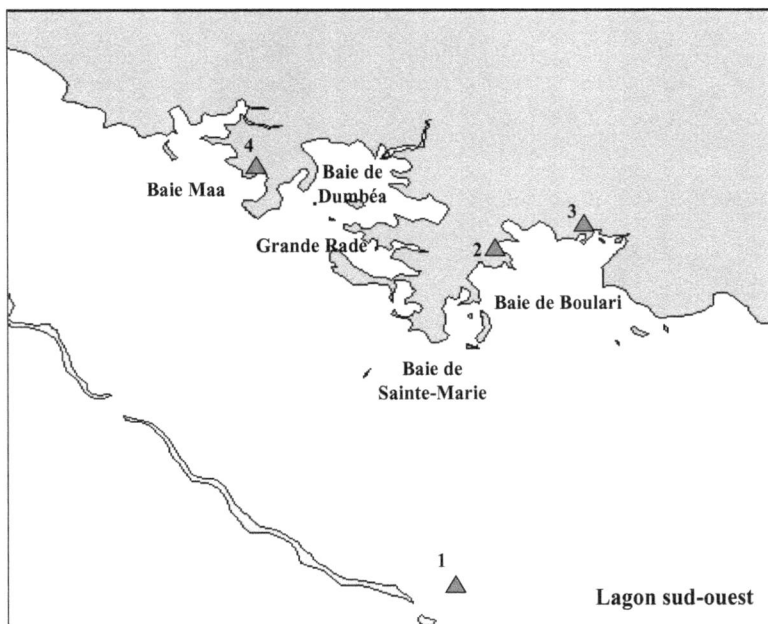

Figure 8 : Localisation des stations météorologiques de MÉTÉO France utilisées pour cette étude. 1-Phare Amédée; 2- Magenta; 3- Boulari; 4- Point Maa.

III.1.3.2.2- Paramètres de la colonne d'eau

La température de l'eau (°C), la salinité (PSU), la radiation PAR (Photosynthetically Active Radiation) ($\mu mol.s^{-1}.m^{-2}$), la turbidité (FTU-Formazine Turbidity Unit) ont été mesurées à l'aide d'une sonde CTD (SeaBird SBE 19) dans la colonne d'eau à proximité immédiate du fond.

III.1.3.2.3- Température du sédiment et potentiel Redox

La température du sédiment a été mesurée dans les 5 premiers centimètres du sédiment, tandis que le potentiel redox (Eh) a été mesuré seulement dans le premier centimètre du sédiment. La température et le potentiel redox ont été mesurés à l'aide d'un système couplé (HI1230, Hanna Instruments) dont l'électrode de platine est associée à un pH-mètre portable (HI 8424 microcomputer pH-meter, Hanna Instruments.

III.1.3.2.4- Granulométrie

La granulométrie du sédiment a été mesurée à l'aide d'un microgranulomètre laser de type Mastersizer 2000 (Malvern®). La granulométrie laser offre de nombreux avantages par rapport aux techniques traditionnelles, surtout pour les particules fines : (1) la plage de mesure s'étend entre 0,02µm et 2000µm avec une précision de 1% sur le diamètre médian, (2) le volume d'échantillon nécessaire est plus petit que pour le tamisage traditionnel, et (3) l'analyse est plus rapide et reproductible. Cette technique permet de plus de traiter des échantillons humides ou secs.

La fraction grossière (> 2000 µm) a été tamisée sur une série de tamis de maille standard (ISO 9001). Seules les fractions entre 2000-2500, 2500-3150 et >3150µm ont été prises en considération. Les pourcentages de ces fractions ont été calculés à partir du poids sec de l'échantillon total. La contribution de la fraction du sédiment >2000 µm a été décrite séparément des résultats obtenus par la granulométrie laser, à titre complémentaire afin de documenter l'hétérogénéité du sédiment de chacune des stations.

Les particules ont été classées par rapport à leur taille selon la classification de Wentworth (1922) (Tableau II). Le type sédimentaire de chacune des baies étudiées a été défini à partir de la classification utilisée par Chevillon (1997) pour définir les structures biosédimentaires de Nouvelle-calédonie, qui a comme base le système de classification proposé par Weydert (1976) (Tableau III).

Tableau II : Classification des particules par rapport à la taille des grains selon l'échelle de Wentworth (1922).

Tailles mailles principales (µm)	Schelle phi équivalente (φ)	Classes de taille du grain (scelle de Wentworth)
4000	-2,00	Gravier
2000	-1,00	Sable très grossier
1000	0,00	Sable grossier
710	+0,49	
500	+1,00	Sable moyen
355	+1,49	
250	+2,00	Sable fin
180	+2,47	
125	+3,00	Sable très fin
90	+3,47	
63	+4,00	Silt grossier
<63	> +4,00	Silt
<2	> +9,00	Argile

Tableau III : Types sédimentaires selon le système proposé par Weydert (1976). GV=Gravelles; SG= Sables Grossiers; SM= Sables Moyens; SF= Sables Fins; STF= Sables Très Fins; Va= Vases. Phi (φ) = -$\log_2$ de la taille de maille du tamis en millimètre.

Types	-4,32 φ % GV	-1,32 φ % SG	0 φ %SM	1 φ %SF	2 φ %STF	3,98 φ % Va
Gravelo-sableux	≥ 50					
Sable graveleux	10 - 50					
Sable grossier		(SG + SM) > (SF + STF)				
Sable fin		(SG + SM) < (SF + STF)				
Sable très fin					≥ 50	
Sablo vaseux						10 - 50
Vaso sableux						≥ 50

III.1.3.2.5- Carbone (total et organique) et azote

Les pourcentages en carbone total et organique, et en azote total ont été déterminés à l'aide d'un auto analyseur élémentaire Perkin Elmer 2400 (CHN) série II calibré avec de l'acétanilide. Les concentrations en carbone total et en azote ont été mesurées sur des triplicatas d'environ 10 mg de sédiment lyophilisé placés dans des nacelles en étain. Pour l'analyse du carbone organique, 10 mg d'échantillon de sédiment ont été placés dans des nacelles en argent, et décarbonatés à température ambiante par acidification à l'aide d'une solution d'acide chlorhydrique à 10%. Les échantillons ont été ensuite séchés à 65°C avant le passage au CHN. Le nombre d'acidifications et la concentration de l'acide chlorhydrique utilisé ont été préalablement testés de façon à les adapter à la quantité particulièrement élevée de carbonates présents dans les sédiments du lagon.

III.1.3.2.6- Acides aminés (AAT et AAD)

Les acides aminés totaux (AAT) ont été extraits par hydrolyse acide à chaud. Environ 15 mg de sédiment sec ont été placés dans une ampoule en verre, préalablement passée au four à 450 °C pendant 5 heures. À cet échantillon, ont été ajoutés 1000 μl d'acide chlorhydrique 6N. Les ampoules ont été ensuite scellées sous vide d'air et placées pendant 24h à 100 °C.

Les acides aminés disponibles (AAD) ont été extraits à partir du protocole d'hydrolyse enzymatique décrit par Mayer *et al.* (1995). 100 mg de sédiment sec ont été empoisonnés par 1000 μl d'une solution d'inhibiteurs bactériens composée d'arséniate de sodium dibasique (0,1 M) et de pentachlorophénol (0,1 mM), dissous dans une solution tampon phosphate à pH=8. Cet empoisonnement a permis d'éviter que les acides aminés disponibles soient consommés par les bactéries présentes dans le sédiment (blocage de la chaîne respiratoire). Après 1 heure d'incubation à température ambiante, l'hydrolyse enzymatique a débutée par l'ajout de 100 μl d'une solution de Protéinase K à 1 mg.ml^{-1} (Sigma P-8044 non auto hydrolysable). Le sédiment a alors été incubé pendant 6 heures à 37 °C, sous agitation. L'échantillon a ensuite été centrifugé (à 4 °C) pour séparer le matériel particulaire du surnageant. Le surnageant contenant les acides aminés libres (monomères), des oligopeptides de faible poids moléculaire, la protéinase K et des composés de haut poids moléculaire. La protéinase K et les composés de haut poids moléculaire ont été précipités par

75 µl d'acide trichloracétique à 100% (TCA). Cette solution (surnageant + TCA 100%) a été centrifugée pendant 30 minutes à 4 °C, ce qui a permis d'éliminer l'enzyme et les peptides de plus de 15 acides aminés (acides aminés non disponibles). Le surnageant, ne contenant que les monomères et les oligomères de 7 à 15 acides aminés, a été récupéré puis soumis à une hydrolyse acide par de l'HCl 6 N pendant 24 heures à 100 °C.

Les acides aminés totaux et disponibles ont été dosés par spectrofluorimètrie. Dans un premier temps, les échantillons d'AAT et d'AAD ont été neutralisés avec une solution de soude à 6 N et tamponnés à l'aide d'un tampon acide borique à 0,4 M (pH=10). Cette solution a été conservée à température ambiante pendant 1 heure, pour éliminer l'ammonium. Après une centrifugation (1000 tr/5 minutes), 100 µl de l'extrait neutralisé et tamponné ont été ajoutés à 1 ml de tampon phosphate (pH=8). 100 µl d'une solution d'orthophthaldialdéhyde (OPA), molécule fluorescente qui réagit aux acides aminés libres, ont été ensuite ajoutés. La mesure de la fluorescence par spectrofluorimètrie a été réalisée exactement 4 minutes après l'ajout d'OPA à l'échantillon.

La fluorescence du mélange a été mesurée aux longueurs d'onde suivantes : 340 nm (excitation) et 455 nm (émission). Chaque mesure de fluorescence obtenue a été ensuite transformée en concentration à partir d'une droite étalon obtenue à l'aide d'une solution standard d'acides aminés (Sigma AA-S-18).

III.1.3.2.7- Microphytobenthos

La biomasse microphytobenthique a été quantifiée par analyse des concentrations en chlorophylle a dans le premier centimètre du sédiment. Les pigments chlorophylliens et phéopigments associés ont été extraits dans de l'acétone à 90 %. De l'acétone à 100 % (p.a. Merck) a été ajoutée sur environ 1 g de sédiment humide. Le volume ajouté a été déterminé en fonction de la quantité d'eau interstitielle du sédiment. Il a été calculé de manière à obtenir une concentration finale d'acétone de 90%. La quantité d'eau interstitielle a été obtenue à partir de la différence (moyenne de 3 réplicats) entre le poids humide et le poids sec du sédiment. Pour une extraction totale des pigments chlorophylliens, les échantillons ont été vigoureusement agités après adjonction de l'acétone et placés ensuite au réfrigérateur (environ 5°C) et à l'abri de la lumière. Après 12 heures, les échantillons ont été à nouveau agités puis centrifugés à 3500 tpm pendant 5 minutes. Les extraits ont ensuite été dosés par spectrofluorimètrie (Hitachi F-4500 Fluorescence Spectrophotometer, selon la méthode de Neveux et Lantoine (1993), modifiée par Tenorio *et al.* (2005).

Dans cette méthode, les concentrations des pigments chlorophylliens et des phéopigments associés sont déterminées à partir de l'analyse du spectre global de la fluorescence des chlorophylles. Schématiquement, on réalise une série de 31 spectres d'émission (entre 615 et 715 nm) en faisant varier la longueur d'onde d'excitation de 3 en 3 nm depuis 390 jusqu'à 480 nm. Sur chaque spectre d'émission on récupère une valeur tous les 4 nm, soit 26 valeurs par spectre d'émission. On obtient ainsi 806 points de mesure (31x 26) au lieu des 24 utilisés dans la méthode précédemment décrite par Neveux et Lantoine (1993). Le calcul des concentrations est effectué par la technique d'approximation des moindres carrés (Neveux et Lantoine, 1993; Tenorio *et al.*, 2005).

III.1.3.2.8- Métaux dans le sédiment

Les concentrations en cobalt, chrome, cuivre, manganèse, nickel, zinc et plomb dans les sédiments ont été analysés par ICP-OES (Inductively Coupled Plasma - Optical Emission Spectrometer, modèle VISTA-PRO, VARIAN) et ICP-MS (Inductively Coupled Plasma - Mass Spectrometer, modèle ULTRAMASS 700, VARIAN) au Centre Commun d'Analyses (CCA) de l'Université de La Rochelle.

L'**ICP-OES** a comme principe de fonctionnement un générateur à haute fréquence qui chauffe un courant d'argon et génère un plasma (gaz ionisé) à une température comprise entre 6000 et 10000°C. Un nébuliseur ultrasonique disperse l'échantillon en gouttelettes très fines qui au contact du plasma se trouvent réduites à l'état d'atomes indépendants et d'ions. Ces atomes, excités par le plasma, réémettent des photons dont les longueurs d'onde sont caractéristiques de l'élément analysé (Fig. 9 et 11). Un système dispersif est utilisé pour séparer les longueurs d'onde. À sa sortie on obtient un spectre optique caractéristique de chaque élément chimique. Un détecteur permet ensuite d'enregistrer les intensités des raies émises, qui sont proportionnelles à la concentration de chaque élément.

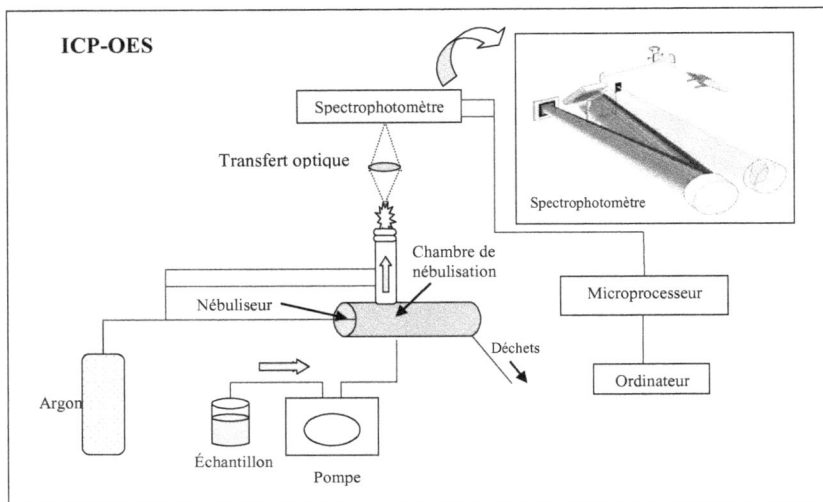

Figure 9 : Schéma de la structure interne de l'ICP-OES.

L'**ICP-MS** (ULTRAMASS 700) est un spectrophotomètre de masse quadripolaire à source plasma (Fig. 10 et 11). La solution contenant l'échantillon est injectée dans une chambre de vaporisation à l'aide d'une pompe péristaltique, puis pulvérisée et transformée en aérosol à l'aide d'argon gazeux. Cet aérosol traverse un plasma d'argon à très haute température (entre 6000 et 10000 °C) et ces éléments sont ionisés. À travers un jeu de deux cônes, un système à vide accélère les ions du plasma et les dirige vers un ensemble de lentilles électrostatiques qui extraient les ions chargés positivement. Seuls les ions chargés positivement sont transmis vers le filtre de masse quadripolaire qui sépare les différents ions en fonction des tensions appliquées. Un détecteur collecte ces ions et transforme le nombre d'ions en nombre de coups. Ce nombre de coups est enfin converti en concentration à partir de la calibration de l'appareil.

28

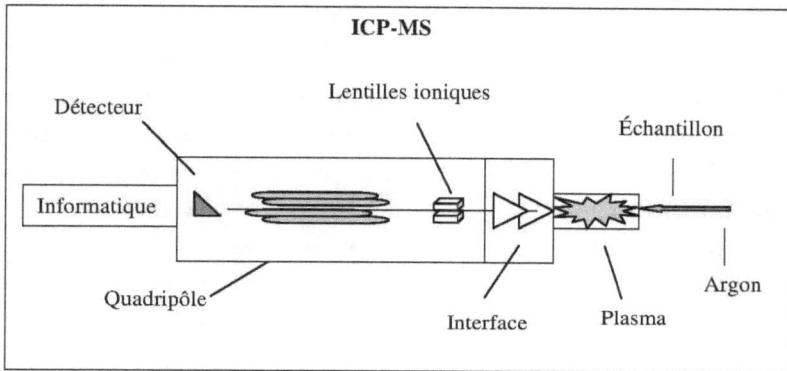

Figure 10 : Schéma de la structure interne de l'ICP-MS.

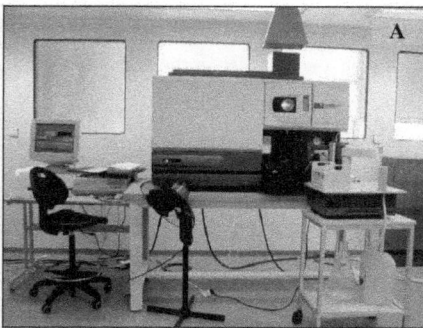

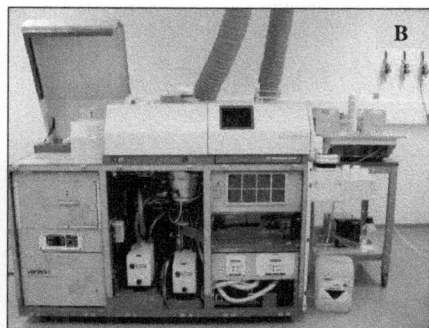

Figure 11 : A- Inductively Coupled Plasma – Optical Emission Spectrometer; **B-** Inductively Coupled Plasma - Mass Spectrometer.

L'utilisation couplée de l'ICP-OES et de l'ICP-MS a permis d'obtenir des résultats optimaux pour chacun des 7 éléments métalliques étudiés.

- Protocole de minéralisation des échantillons de sédiments

Le protocole de minéralisation utilisé était basé sur la méthode décrite par Charlou & Joanny (1983). La minéralisation a été réalisée par attaque acide (2 ml de HCL 30 % et 6 ml de HNO_3 65 % Suprapur) sur 300 mg de sédiments au préalable broyés et lyophilisés. Le processus de digestion a été réalisé au micro-ondes (MARS 5) en cornings ouverts. Son processus a été le suivant : (1) montée en température à 115 °C en 15 minutes, (2) maintien de la température à 115°C pendant 20 minutes, et enfin (3) refroidissement jusqu'à température ambiante pendant 30 minutes. Le résidu obtenu après digestion a été repris dans 50 ml d'eau Milli-Q et ensuite analysé par ICP-OES et par ICP-MS.

Les analyses à l'ICP-OES et ICP-MS ont permis de mesurer un total de 7 éléments sur les échantillons de sédiment du Lagon Sud-Ouest de la Nouvelle-Calédonie (ICP-MS : Pb; ICP-AES : Co, Cr, Cu, Mn, Ni, Zn,). Les résultats ont été validés en analysant des échantillons certifiés MESS-3 (Marine sediment) et TORT-2 (Lobster hepatopancreas) (Programme d'Étalons de Chimie Analytique Marine, Conseil National de Recherche du Canada- CNRC) ayant subi la même préparation que les échantillons de sédiment. Les résultats obtenus pour les échantillons certifiés sont présentés dans le Tableau IV. Ils sont exprimés à partir de la moyenne de 10 répliques analytiques. Seule les résultats des échantillons de référence certifiés qui ont atteint des taux de récupération d'environ 95% et 115% ont été utilisés pour validé les analyses des concentrations métalliques du sédiment. En ce qui concerne le chrome, la différence entre les valeurs obtenues et certifiées sur le MESS 3 s'explique par le protocole de préparation. La valeur certifiée est donnée pour une extraction totale du chrome dans le MESS 3 alors que la minéralisation effectuée lors de la présente étude n'a extrait que le chrome présent dans la partie disponible du sédiment. L'utilisation de l'échantillon biologique TORT-2 a permis de valider les résultats du chrome de la phase disponible.

Tableau IV : Résultat du contrôle de qualité du protocole d'extraction métallique, obtenu sur 10 réplicats d'échantillons de référence certifié TORT-2 et MESS-3 (NRCC). Les concentrations métalliques sont exprimées $\mu g.g\ PS^{-1}$ (écart-type). Les résultats dont les taux de récupération sont compris entre 95% et 115% sont en gras.

Éléments	Valeurs certifiées		Valeurs obtenues	
	TORT-2	MESS-3	TORT-2	MESS-3
Co	0,51 (± 0,09)	14,4 (± 2,0)	0,83 (± 0,0)	**14,4** (± 0,5)
Cr	0,77 (± 0,15)	105 (± 4)	0,86 (± 0,06)	23,9 (± 3,49)
Mn	13,6 (± 1,2)	324 (± 12)	**14,6** (± 2,85)	**292** (± 10,99)
Ni	2,50 (± 0,19)	46,9 (± 2,2)	**2,30** (± 0,12)	**45,21** (± 2,89)
Zn	180 (± 6)	159 (± 8)	**180,93** (± 0,87)	**151,71** (± 12,13)
Cu	106 (± 10)	33,9 (± 1,6)	91,5 (± 0,6)	**33** (± 2,24)
Pb	0,35 (± 0,13)	21,1 (± 0,7)	**0,34** (± 0,07)	**19,29** (± 0,85)

III.1.4- Analyses statistiques

L'existence d'une variabilité saisonnière des paramètres environnementaux et biologiques entre les différentes baies étudiées a été testée à l'aide des tests des rangs de Wilcoxon. L'existence d'une variabilité entre les baies étudiées a été testée par des Analyses de variance de Kruskal-Wallis pour chacune des saisons étudiées. Les interactions entre les caractéristiques du sédiment, les métaux et la méiofaune ont été évaluées à partir d'Analyses en Composantes Principales (ACP) effectuées pour chacune saisons étudiées. Les analyses étaient basées sur les paramètres suivants: densité de la méiofaune totale, contributions des Nématodes et des Copépodes, carbone organique, azote, rapport C/N, acides aminés totaux et disponibles, rapport AAD/AAT, Cr, Co, Cu, Pb, Zn, Ni et Mn. Des analyses de corrélation de Spearman et des régressions linéaires simples ont été également utilisées pour décrire les relations entre les variables environnementales et biologiques. L'ensemble des analyses a été effectué avec les logiciels : STATISTICA ®, STATGRAPHICS ® et SIGMA PLOT ®.

III.2– Méthodologie pour l'étude de l'accumulation des métaux dans la biomasse des Nématodes

III.2.1- Stratégie d'échantillonnage

L'échantillonnage pour l'étude de l'accumulation des métaux dans la biomasse des Nématodes a été effectué en Mai 2003. Une station a été choisie pour représenter chacune des baies étudiées. Les stations ainsi choisies étaient D02 pour la Grande Rade, D64 pour la Baie de Dumbéa, N04 pour la Baie de Sainte-Marie, B03 pour la Baie de Boulari, et M23 pour la Baie Maa (Fig. 12).

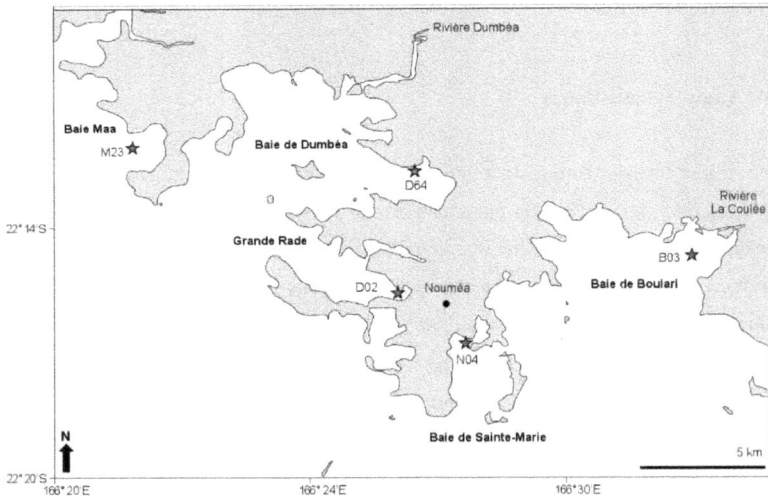

Figure 12 : Stations échantillonnées pour l'étude des concentrations en métaux dans les Nématodes.

III.2.2- Extraction en masse des Nématodes

La technique d'extraction en masse des Nématodes vivants a été adaptée de la méthode initialement décrite par Couch (1988), puis utilisée par D. Fichet (communication personnelle, LBEM - Université de La Rochelle) dans les vasières de la région de La Rochelle, et enfin publiée récemment par Rzenik-Orignac *et al.* (2004).

Cette extraction est basée sur le fait que les Nématodes réalisent un mouvement de migration descendant quand le sédiment contient de fortes densités d'individus. Cette migration s'effectue en traversant une couche de billes de verre ou de sable stérilisé, jusqu'à atteindre l'eau de mer filtrée. Toutes ces couches sont disposées dans un entonnoir, revêtu d'une soie en nylon à mailles de 63 μm, dans l'ordre suivant: 1 couche d'environ 100 ml de billes de verre ou de sable stérilisé, directement sur la maille de 63μm; au-dessus 60 ml de sédiment concentré en méiofaune. Le tuyau est rempli avec de l'eau de mer filtrée jusqu' à ce qu'elle recouvre le sédiment en le dépassant de 3 cm en hauteur (Fig. 14). L'ajout d'une lampe permet, via l'intensité lumineuse et la chaleur produites, d'accélérer le processus de migration. Cette accélération est particulièrement efficace pour les peuplements nématodes sublittoraux qui ne sont pas adaptés à l'augmentation de ces deux paramètres.

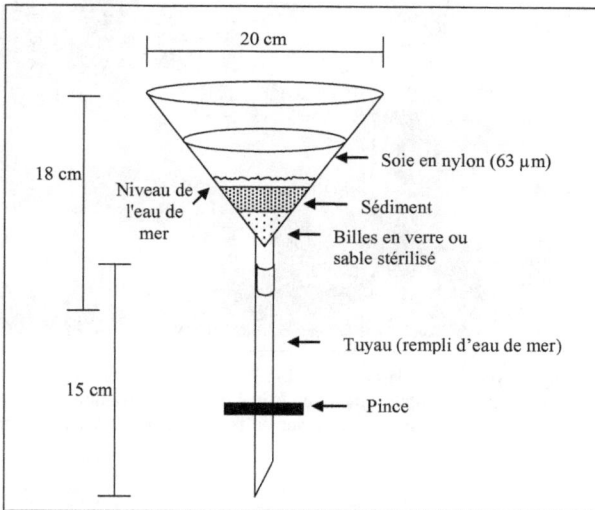

Figure 13 : Dispositif expérimental utilisé par Couch (1988) pour réaliser l'extraction en masse des Nématodes.

Le protocole utilisé à Nouméa comprend deux étapes : **(1) La concentration de la méiofaune, et (2) La migration de la nématofaune.** L'étape de concentration (Fig. 14) consiste en l'élutriation d'une grande quantité du sédiment de la couche de surface prélevés à l'aide d'une benne en inox (volume : 1,6 litres, profondeur de pénétration : 8 cm). Le sédiment a été élutrié *in situ* et le surnageant versé sur un tamis à mailles de 50 μm. La pellicule de sédiment fin retenue sur ce tamis a été versée dans un récipient en plastique (préalablement décontaminé à l'acide nitrique à 10 % pendant 24 h). Un volume final d'environ 2 litres de sédiment concentré en méiofaune a ainsi été obtenu à la fin de l'étape de concentration. Ce volume de sédiment a permis d'obtenir en fin d'extraction la biomasse minimale de 10 mg PS de Nématodes qui est requise pour une bonne fiabilité des dosages de métaux par ICP-OES et ICP-MS.

Figure 14 : Étape de concentration du sédiment. En haut à gauche, la benne servant au prélèvement; en haut à droite, l'élutriation du sédiment; en bas, le surnageant est versé sur un tamis (63 µm) pour concentrer la méiofaune.

Pour réaliser l'**étape de migration de la nématofaune,** au laboratoire, le sédiment fin concentré en méiofaune a été placé sur des cuvettes de migration. Ces cuvettes ont été construites à partir de deux cuvettes en plastique (préalablement décontaminées). La première est percée et dotée d'une grille en nylon, dont la fonction est de soutenir une soie en nylon d'une maille de 50 µm sur laquelle les couches de sable stérilisé et de sédiment concentré en méiofaune sont déposées. La deuxième cuvette contient de l'eau de mer artificielle préparée à partir d'eau Milli-Q.

Pour préparer l'étape de migration (Fig. 15, 16 et 17), la cuvette 1 a été placée sur la cuvette 2 et remplie avec de l'eau de mer artificielle jusqu'au niveau de la grille de nylon. La soie a été ensuite posée sur la grille de nylon de façon à rester en contact avec l'eau. Une couche de sable stérilisé puis une couche de sédiment concentré en méiofaune ont été ensuite déposées sur cette soie. Les cuvettes de migration ont été placées sous éclairage continu pendant 48 heures. Les Nématodes ont été récupérés, rincés dans l'eau Milli-Q, séchés, puis pesés. Les échantillons ont ensuite été réservés pour la minéralisation (Tableau V).

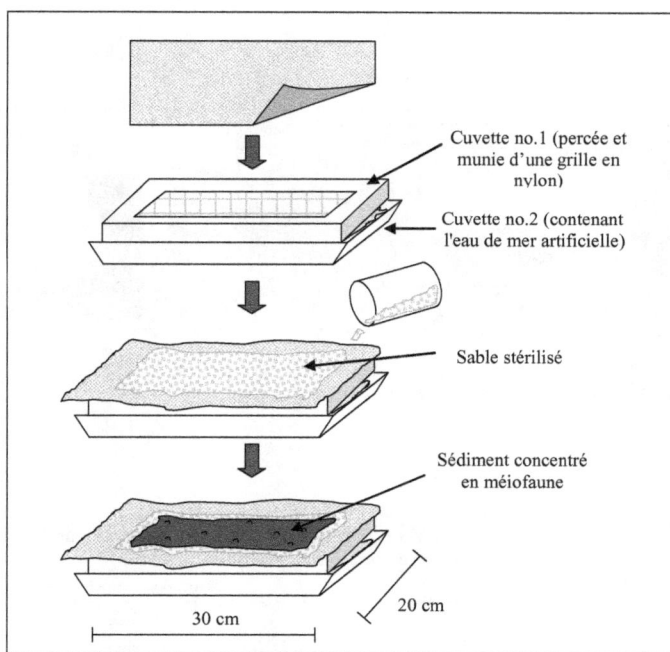

Figure 15 : Préparation des cuvettes de migration.

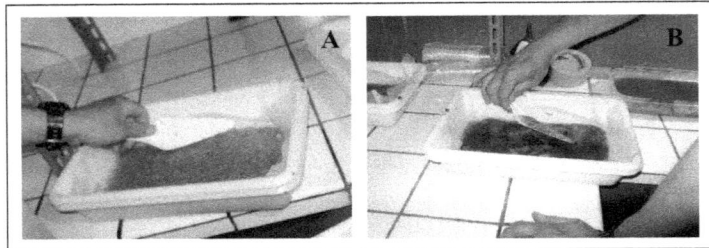

Figure 16 : Cuvettes de migration. **A-** Mise en place du sable stérilisé; **B-** Couche de sédiment concentré en méiofaune déposé sur le sable.

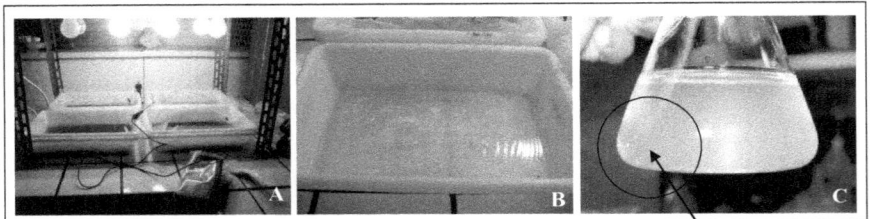

Figure 17 : Migration des Nématodes. **A-** Cuvettes de migration sous intensité lumineuse; **B-** Cuvette 2 après 48 heures; **C-** Nématodes récupérés dans l'eau Milli-Q.

Tableau V : Biomasses des Nématodes obtenues après l'extraction en masse dans les différentes baies.

Baies	Biomasse (mg PS)
Baie de Dumbéa	12,0
Grande Rade	17,4
Baie de Boulari	11,9
Baie de Sainte-Marie	56,2
Baie Maa	17,6

III.2.3- Dosage des métaux dans la biomasse des Nématodes

III.2.3.1- Minéralisation des Nématodes

Contrairement au sédiment, la minéralisation des Nématodes a été réalisée à Nouméa. Cinq millilitres d'acide nitrique concentré (HNO_3 à 65%, Suprapur - Merck) ont été utilisés. L'attaque acide a été effectuée sur une plaque chauffante à une température de 80°C pendant 48 heures (Fig. 18). Après minéralisation, le résidu a été repris en utilisant 5 ml d'acide nitrique à 0,3N. Des blancs d'extraction et des échantillons de référence certifiée TORT-2 (CNRC) subissant le même traitement que les échantillons de Nématodes ont été réalisés afin de garantir la qualité des dosages et leur validation,.

Comme pour les échantillons de sédiments (cf., Chapitre III.1), les concentrations en métaux dans la biomasse de Nématodes ont été dosés par ICP-MS (Pb) et ICP-AES (Co, Cr, Cu, Mn, Ni, Zn) au Centre Commun d'Analyses (CCA - Université de La Rochelle). Les résultats obtenus pour les échantillons certifiés ont été présentés dans le Tableau VI. Ils ont été exprimés à partir de la moyenne de 10 répliques analytiques. Seuls les résultats des échantillons de référence certifiés qui ont atteint des taux de récupération d'environ 95% et 115% ont été utilisés pour validé les analyses des concentrations métalliques du sédiment.

Tableau VI : Résultat du contrôle de qualité du protocole d'extraction métallique, obtenu sur 10 réplicats d'échantillons de référence certifié TORT-2 et MESS-3 (NRCC). Les concentrations métalliques sont exprimées µg.g PS^{-1} (écart-type). Les résultats dont les taux de récupération sont compris entre 95% et 115% sont en gras.

Éléments	Valeurs certifiées	Valeurs obtenues
Co	0,51 (± 0,09)	0,50 (± 0,0)
Cr	0,77 (± 0,15)	0,69 (± 0,06)
Mn	13,6 (± 1,2)	13,78 (± 2,85)
Ni	2,50 (± 0,19)	2,46 (± 0,12)
Zn	180 (± 6)	181,11 (± 0,87)
Cu	106 (± 10)	102,17 (± 0,6)
Pb	0,35 (± 0,13)	0,38 (± 0,07)

Figure 18 : Minéralisation des Nématodes sur une plaque chauffante.

III.2.4- Facteurs de bioaccumulation en métaux par les Nématodes

Les facteurs de bioaccumulation (BSAF- *Biota-Sediment Accumulation Factor*) sont calculés à partir des rapports entre la concentration relative d'une substance dans les tissus d'un organisme et la concentration de cette même substance dans le sédiment (EPA, 1995; 2000). Le BSAF a été calculé séparément pour chaque métal et chaque baie étudiés. La connaissance du BSAF permet d'estimer la capacité relative des organismes à adsorber et/ou absorber certains métaux à partir du milieu dans lequel ils vivent (Szefer *et al.*, 1998).

$$BSAF = \frac{\text{Concentration métallique dans la biomasse des Nématodes}}{\text{Concentration métallique du sédiment}}$$

IV.1- Distributions spatio-temporelles du méiobenthos et des variables environnementales

IV.1.1- Évolution des variables environnementales

IV.1.1.1-Climatologie

Les mesures de pluviosité et de température de l'air effectuées par MÉTÉO France pendant l'année 2002-2003, caractérisent juillet 2002 comme un mois typique de la saison fraîche et sèche (hiver austral), et décembre 2002 comme un mois typique du début de la saison humide (été austral) (Fig. 19). En juillet 2002, la température moyenne et la pluviosité sont parmi les plus basses de l'année. La température et la pluviosité augmentent à partir du mois de décembre pour atteindre leur maximum en janvier 2003 (Fig. 19).

Durant la période d'échantillonnage de juillet 2002 (saison sèche), la température de l'air est comprise entre 19,5 et 21,1 °C, et la pluviosité mensuelle est comprise entre 39,5 et 65 mm, pour les différentes baies étudiées. Alors qu'en décembre 2002 (début de la saison humide), les températures sont comprises entre 23,9 et 25,7 °C et la pluviosité mensuelle est comprise entre 54,2 et 109,2 mm (Fig. 20).

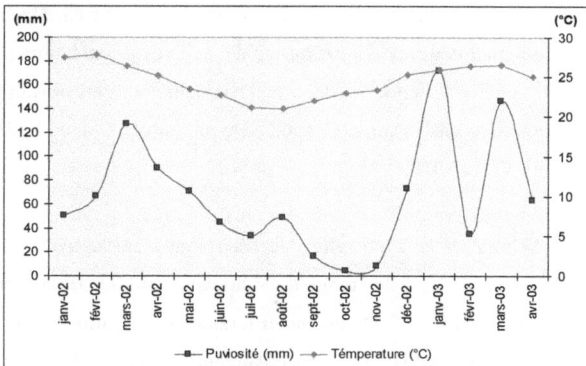

Figure 19 : Moyenne mensuelle de la température et de la pluviosité totale mensuelle mesurées-sur un cycle annuel (2002-2003) par MÉTÉO France à la station du Phare Amédée (voir Fig. 8).

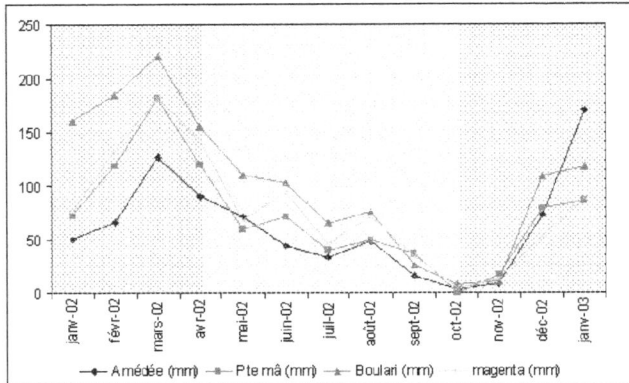

Figure 20 : Pluviosité mensuelle entre janvier 2002 et janvier 2003 aux stations MÉTÉO France du Phare Amédée, de la Pointe Maa, de Boulari et de Magenta. Secteur rouge : été austral; Secteur bleu : hiver austral.

IV.1.1.2- Colonne d'eau

En juillet 2002, la température de l'eau dans les baies du Lagon Sud-Ouest est comprise entre 20,9 et 22,1 °C et la salinité est inférieure à 35,34 psu. En décembre 2002, la température de l'eau est la plus élevée de l'année. Elle varie entre 24 et 26,6 °C. La salinité est supérieure à 35,84 psu et atteint jusqu'à 36,41 psu (Tableaux VII et VIII).

La turbidité dans la colonne d'eau est plus élevée en décembre qu'en juillet, en raison de l'augmentation des précipitations au début de la saison humide. L'irradiance présente des valeurs très semblables entre les deux prélèvements, mais les plus faibles sont mesurées en décembre (début de la saison humide), spécialement dans la Grande Rade et la Baie de Sainte-Marie (Tableaux VII et VIII).

La salinité et la température de l'eau sont significativement différentes entre les deux périodes étudiées (Test des rangs de Wilcoxon, p=0,0003), au contraire, la turbidité et l'irradiance ne sont pas significativement différentes entre juillet et décembre 2002(Test des rangs de Wilcoxon p= 0,064 et 0,44, respectivement) (Tableau XVII).

40

IV.1.1.3- Évolution des variables du sédiment

Température du sédiment

En juillet 2002, la température du sédiment dans les différentes baies varie de 19,9 à 22,4 °C, et en décembre 2002 entre 23,80 et 26 °C. Les températures du sédiment les plus élevées sont mesurées dans la Baie de Sainte-Marie (entre 25 et 26 °C). Les températures les plus basses sont mesurées dans la Baie Maa en décembre (début de saison humide) (Tableaux VII et VIII). Les valeurs moyennes de la température du sédiment sont significativement différentes entre les deux périodes étudiées (Test des rangs de Wilcoxon, p=0,0003) (Tableau XVII).

Potentiel Redox (Eh)

Dans la majorité des échantillons de sédiment, la couche redox est très souvent observée au-dessous du cinquième centimètre. Les valeurs du Eh sont comprises entre 9,80 et -182 mV en juillet. Les stations moins réduites sont N26, B17 et B08, suivies par M23, puis M26. Le sédiment est plus réduit aux stations D11, D64, N04, N10, N19 et N12. En décembre, les valeurs de potentiel redox varient entre 64,50 et -270 mV. Les stations de la Baie Maa présentent des Eh moins réduits que en juillet (Fig. 21, Tableaux VII et VIII).

De manière générale, en décembre, les stations de la Grande Rade présentent des Eh plus réduits (entre -135,40 et -270,60 mV). C'est aussi le cas de la Baie de Sainte-Marie, où les valeurs de Eh sont comprises entre -155 et -188,30 mV, à l'exception de la station N26 (Eh= -55 mV) (Fig. 7, Tableaux VI et VII). Les valeurs de Eh ne varient pas de manière significative entre juillet et décembre 2002 (Test des rangs de Wilcoxon, p=0,29) (Tableau XVII).

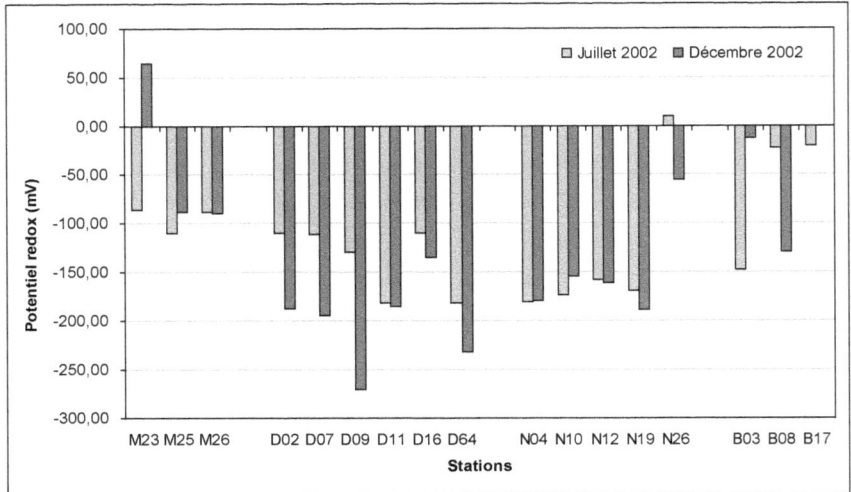

Figure 21 : Potentiel redox (Eh) du premier centimètre du sédiment aux stations étudiées en juillet et décembre 2002 dans le Lagon Sud-Ouest.

Granulométrie

Les fréquences cumulées des particules pour chaque station sont présentées aux figures 22-25. Elles montrent que la fraction dominante du sédiment des sites étudiés est inférieure à 63 µm. La D(0,5) est comprise entre 36 et 80 µm en juillet, et entre 14 et 65 µm en décembre (Annexe I : Tableaux VII et VIII). Les D(0,5) diminuent aux stations de la Baie de Boulari en décembre, tandis que pour les autres baies elles augmentent généralement.

Les valeurs médianes de la D(0,5) ne sont pas significativement différentes juillet (saison sèche) et décembre 2002 (début de la saison humide) (Test des rangs de Wilcoxon, p=0,255), ni entre les différentes baies étudiées (Analyse de variance de Kruskal-Wallis, juillet p=0,077 et décembre p=0,320) (Tableau XVII).

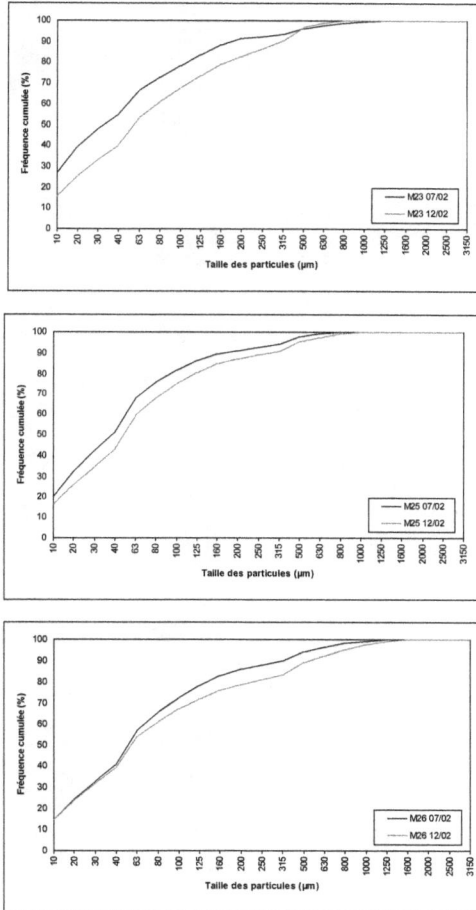

Figure 22 : Fréquence cumulée des tailles de particules aux stations étudiées dans la Baie Maa pendant les deux périodes étudiées.

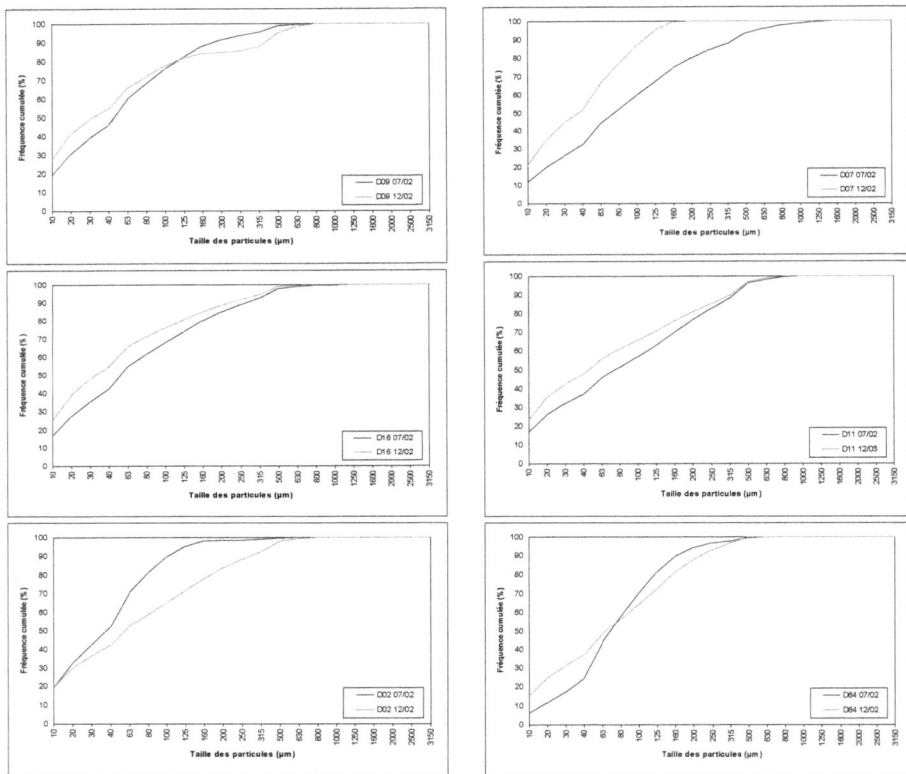

Figure 23 : Fréquence cumulée des tailles de particules aux stations étudiées dans la Grande Rade pendant les deux périodes étudiées.

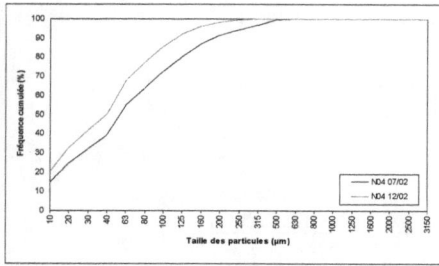

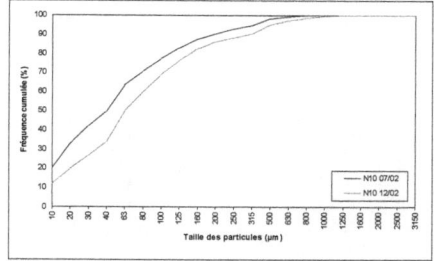

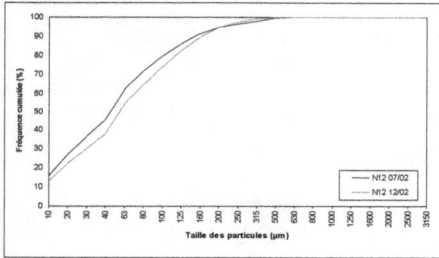

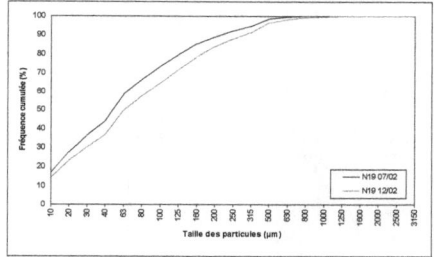

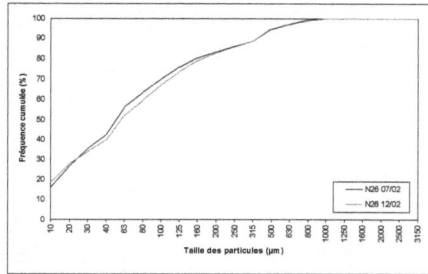

Figure 24 : Fréquence cumulée des tailles de particules aux stations étudiées dans Baie de Sainte-Marie pendant les deux périodes étudiées.

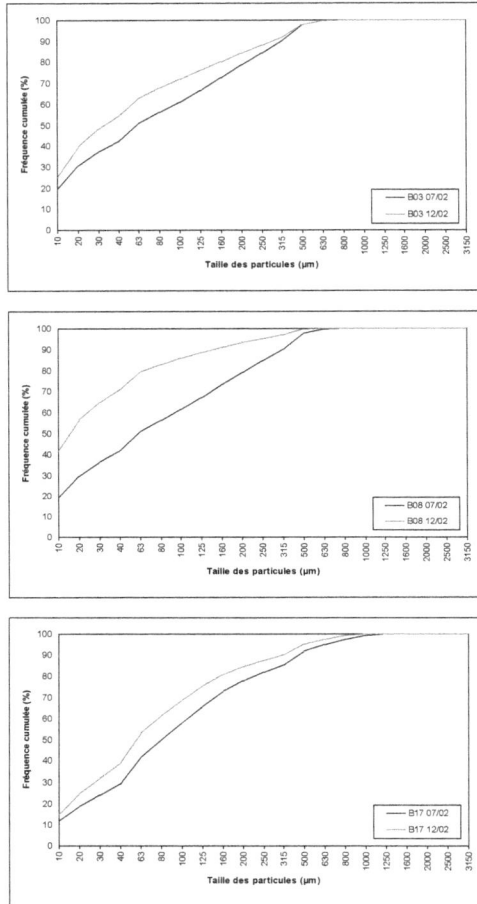

Figure 25 : Fréquence cumulée des tailles de particules aux stations étudiées dans la Baie de Boulari pendant les deux périodes étudiées.

Les particules sont classées en fonction de leur taille en : silt et argile, sable très fin, sable fin, sable moyen, sable grossier et sable très grossier selon l'échelle de classification de Wentworth (1922). Les pourcentages des silts et argiles varient de 41 à 79% en juillet et en décembre 2002 (Fig. 26 et 27, Tableau IX). Les sables très fins et les sables fins varient de 3 à 36%, les sables moyens de 0 à 13%, et les sables grossiers et très grossiers de 0 à 8% (Fig. 26 et 27; Tableau IX). Une nette augmentation des silts et argiles au début de la saison des pluies est observée uniquement dans la Baie de Boulari.

La proportion des particules >2000 μm dans la couche des 5 cm supérieurs du sédiment est donnée selon trois tailles des particules (ou de graviers) : entre 2000-2500 μm, 2500 et 3150 μm, et >3150 μm (Tableau X). Pendant les deux périodes étudiées, la proportion des particules entre 2000 et 2500 μm varie de : 1,60 à 3,47% aux stations de la Baie Maa, de 0 à 1,05% aux stations de la Baie de Boulari, de 0,29 à 5,20% aux stations de la Grande Rade, de 0 à 0,63% dans la Baie de Dumbéa (D64), et de 0 à 8,18% aux stations de la Baie de Sainte-Marie. Les particules entre 2500 et 3150 μm varient de : 1,58 à 3,89% aux stations de la Baie Maa, de 0,03 à 0,63% aux stations de la Baie de Boulari, de 0,14 à 5,75% aux stations de la Grande Rade, de 0,07 à 0,95% dans la Baie de Dumbéa (D64), et de 0 à 6,44% aux stations de la Baie de Sainte-Marie (en juillet et décembre 2002). La proportion des particules >3150 μm varie de : 1,36 à 20,15% aux stations de la Baie Maa, de 0 à 1,44% aux stations de la Baie de Boulari, de 2,56 à 34,88 % aux stations de la Grande Rade, de 0 à 0,38% dans Baie de Dumbéa (D64), et de 0 à 13,55% aux stations de la Baie de Sainte-Marie (Tableau X).

Selon la classification utilisée par Chevillon (1997, d'après Weydert, 1976), le sédiment des stations étudiées est considéré comme vaso-sableux car, dans la majorité des cas, les stations présentent plus de 50 % de vases (Tableau III). En juillet, les stations D07, D11, D64 et B17, ainsi que les stations N19 et D64 en décembre, présentent moins de 50 % de vases (i.e. entre 41 et 49 % de vases), ce qui les place dans les sédiments sablo-vaseux.

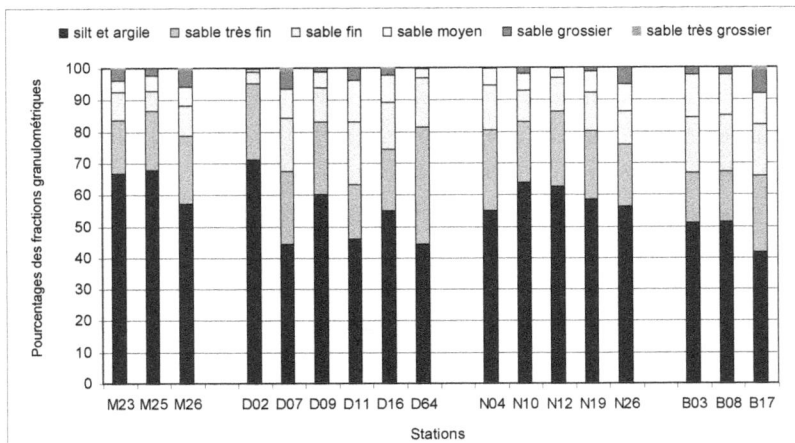

Figure 26 : Distribution des différentes fractions granulométriques aux stations étudiées en juillet 2002 dans le Lagon Sud-Ouest.

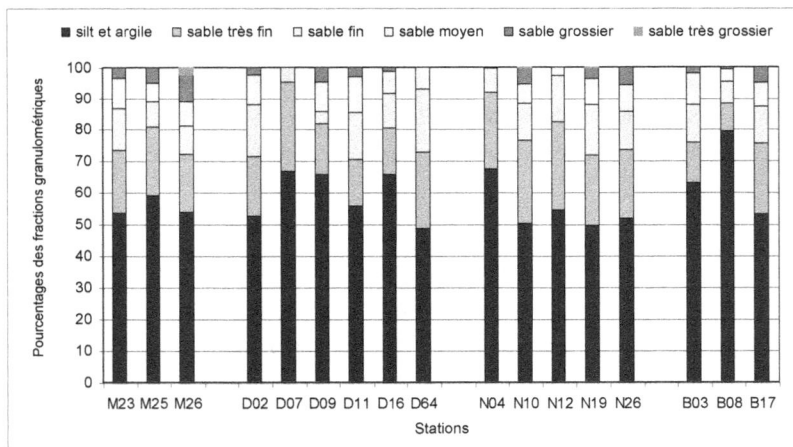

Figure 27 : Distribution des différentes fractions granulométriques aux stations étudiées décembre 2002 dans le Lagon Sud-Ouest.

Carbone total et organique, azote et rapport C/N

Carbone total

Les teneurs en carbone total varient entre 4,45 et 11,61% PS en juillet, et entre 3,94 et 11,56% PS en décembre (Fig. 33, Tableaux VII et VIII). Pendant les deux periodes, les teneurs les plus élevées sont observées à la station D64, alors que les teneurs les plus basses sont mesurées à la station B03. Les teneurs en carbone total ne varient pas significativement ni entre les deux périodes étudiées (Test des rangs de Wilcoxon, p=0,52), ni entre les baies (Analyse de variance de Kruskal-Wallis, p=0,73 juillet et p=0,56 décembre) (Tableau XVII).

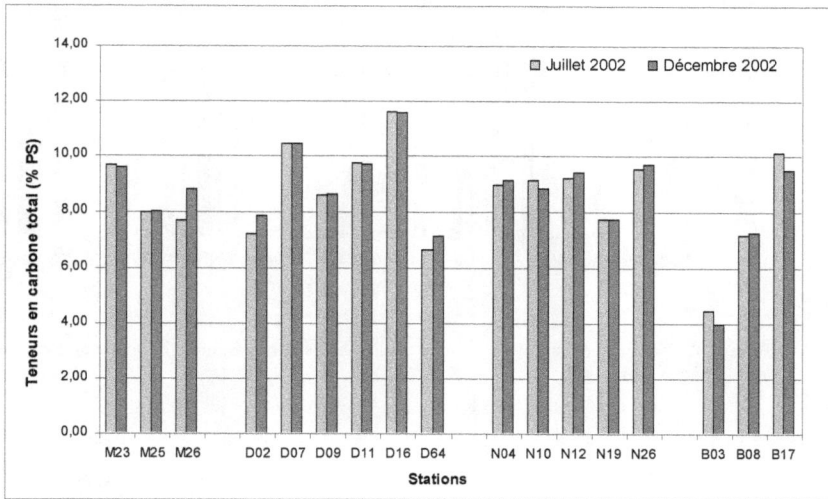

Figure 28 : Teneurs en carbone total (% PS) aux stations étudiées en juillet et décembre 2002 dans le Lagon Sud-Ouest.

Carbone organique

Les teneurs en carbone organique sont comprises entre 0,44 et 1,18% en juillet 2002, et entre 0,39 et 1,13% en décembre 2002. De manière générale, les teneurs les plus élevées sont mesurées en juillet, aux stations D64, N04 et B03.

Les teneurs en carbone organique les plus faibles sont mesurées aux stations de la Baie Maa (site de référence), et aux stations N10 et N26 (Baie de Sainte-Marie), pendant les deux saisons étudiées (Fig. 34, Tableaux VII-VIII). Les teneurs en carbone organique ne présentent pas de différence significative ni entre les deux périodes étudiées (Test des rangs de Wilcoxon, p=0,26), ni entre les baies (Analyse de variance de Kruskal-Wallis, p=0,14 juillet et p=0,08 décembre) (Tableau XVII).

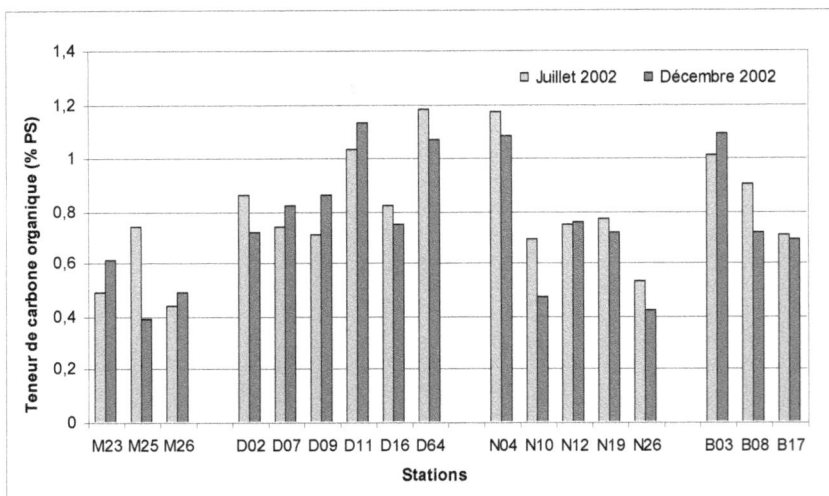

Figure 29 : Teneurs en carbone organique (% PS) aux stations étudiées en juillet et décembre 2002 dans le Lagon Sud-Ouest.

Azote

Les teneurs en azote varient entre 0,06 et 0,17 % en juillet 2002, et entre 0,04 et 0,14 % en décembre 2002 (Fig. 35, Tableaux VII-VIII). Les valeurs les plus élevées sont observées aux stations de la Grande Rade, de Dumbéa et dans la Baie de Sainte-Marie, surtout en juillet. En décembre (au début de la saison humide), des teneurs similaires sont mesurées aux stations de la Baie de Boulari. Les teneurs en azote les plus faibles sont observées aux stations de la Baie Maa, en juillet et en décembre 2002.

Les teneurs observées ne présentent pas de variabilité temporelle significative (Test des rangs de Wilcoxon, p=0,39). Elles présentent par contre une variabilité significative entre les baies en juillet 2002, mais pas en décembre 2002 (Analyse de variance de Kruskal-Wallis, juillet : p=0,018; décembre : p=0,11) (Tableau XVII).

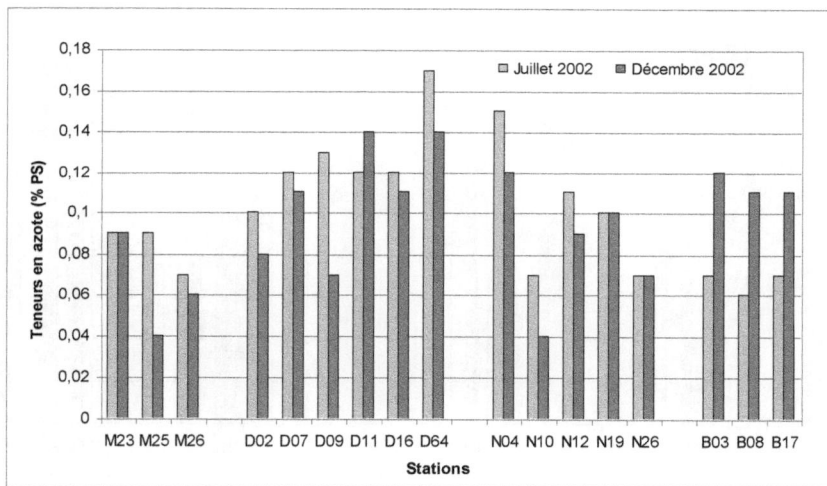

Figure 30 : Teneurs en azote (% PS) des stations étudiées en juillet et décembre 2002 dans le Lagon Sud-Ouest.

Rapport C/N

Les rapports C/N varient entre 5,44 et 15 en juillet 2002. Le rapport le plus faible est mesuré à la station M23 (Baie Maa), alors que les rapports les plus élevés sont mesurés aux stations de la Baie de Boulari (Fig. 36, Tableaux VII-VIII). En décembre 2002, les rapports C/N sont en général plus bas qu'en juillet. Ils varient entre 6 et 12,29. À cette période, les rapports les moins élevés sont mesurés aux stations N26, B17, B08, M23, D16 (entre 6 et 6,82). Les rapports les plus élevés de décembre sont alors observés aux stations N10 (11,75) et D09 (12,29).

Les rapports C/N, ne présentent pas de variabilité saisonnière significative (Test des rangs de Wilcoxon, p=0,57). Ils sont significativement différents entre les baies en juillet, mais pas en décembre (Analyse de variance de Kruskal-Wallis, juillet : p=0,042, et décembre : p=0,71) (Tableau XVII).

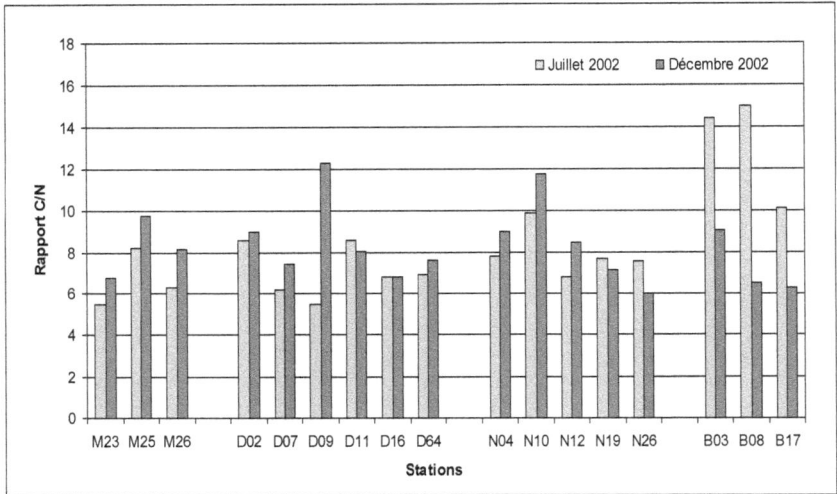

Figure 31 : Rapports C/N aux stations étudiées en juillet et décembre 2002 dans le Lagon Sud-Ouest.

Acides aminés

Acides Aminés Totaux

Les concentrations en acides aminés totaux (AAT) varient de 18,28 à 50,65 nmoles.mg PS $^{-1}$ en juillet, et de 16,19 à 45,43 nmoles.mg PS $^{-1}$ en décembre (Fig. 28, Tableaux VII et VIII). En juillet 2002, les concentrations les plus élevées en AAT sont mesurées aux stations D64, N04 et D11 (50,65; 45,37; 37,41 nmoles.mg PS^{-1}, respectivement, tandis que la concentration la plus faible est mesurée à la station M26 (18,28 nmoles.mg PS $^{-1}$). En décembre 2002, les concentrations en AAT sont en général moins élevées que pendant la saison sèche, et varient entre 16,85 et 45,42 nmoles.mg PS^{-1}. Les concentrations les plus élevées sont mesurées aux stations D64, N04 et D11, comme en juillet. La concentration la plus faible est mesurée à la station M25 (Baie Maa) (Fig. 28, Tableaux VII et VIII).

Les concentrations en AAT ne présentent pas de variation significative entre juillet et décembre 2002 (Test des rangs de Wilcoxon, p=0,67). Leur variabilité entre les différentes baies n'est pas non plus significative (Analyse de variance de Kruskal-Wallis, saison sèche p=0,42 et saison humide p=0,45) (Tableau XVII).

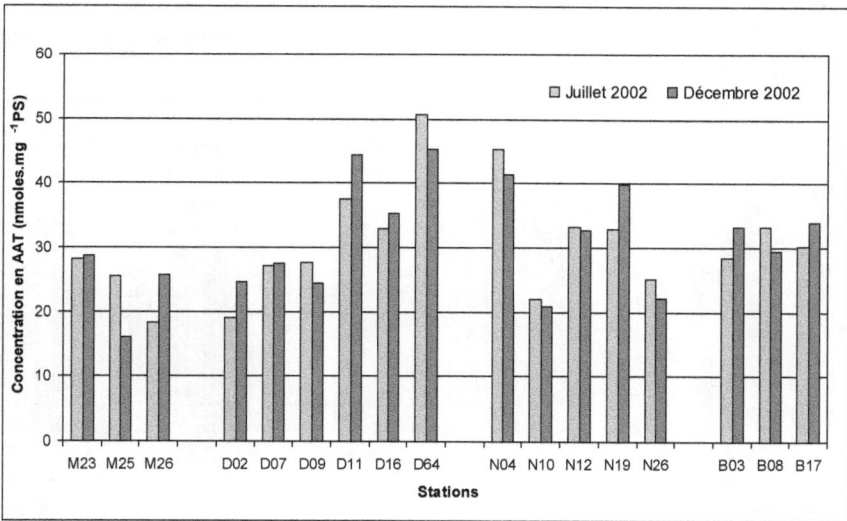

Figure 32 : Concentrations en acides aminés totaux (AAT) aux stations étudiées en juillet et décembre 2002 dans le Lagon Sud-Ouest.

Acides Aminés Disponibles

Les concentrations en acides aminés disponibles (AAD) sont comprises entre 3,86 et 7,70 nmoles.mg PS $^{-1}$ en juillet, et entre 2,29 et 5,58 nmoles.mg PS $^{-1}$ en décembre (Fig. 29, Tableaux VII-VIII). Leurs concentrations sont en général plus fortes en juillet, avec des concentrations plus élevées aux stations D64 (7,70 nmoles.mg PS^{-1}) et D11 (7,09 nmoles.mg PS^{-1}). En décembre, les teneurs en AAD, ne dépassent pas 5,58 nmoles.mg PS^{-1}.

Les concentrations en AAD présentent une variabilité temporelle significative (Test des rangs de Wilcoxon, p=0,04). La variabilité entre les baies n'est contre pas significative (Analyse de variance de Kruskal-Wallis, juillet : p=0,26 et décembre : p=0,46) (Tableau XVII).

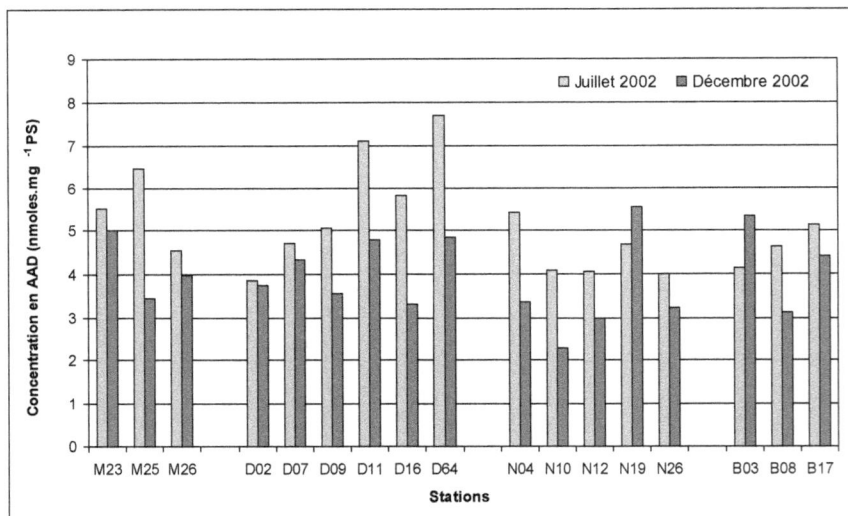

Figure 33 : Concentrations en acides aminés disponibles (AAD) aux stations étudiées en juillet et décembre 2002 dans le Lagon Sud-Ouest.

Rapport AAD/AAT

Les rapports AAD/AAT les plus élevés sont observés en juillet aux stations M25 et M26 (Baie Maa) (rapport = 25,24 et 24,78) alors que les rapports les plus faibles de cette période sont observés dans la Baie de Sainte-Marie et plus précisément aux stations N04 et N12 (11,98 et 12,18, respectivement). En décembre, la plupart des rapports sont inférieurs à

15, tandis que en juillet les rapports sont en général supérieurs à 17 (Fig. 30, Tableaux VII et VIII).

En résumé, pendant les deux périodes étudiées, les rapports AAD/AAT sont toujours plus faibles dans la Baie de Sainte-Marie et plus élevés dans la Baie Maa (Fig. 27, Tableaux VI-VII). Les rapports AAD/AAT sont significativement différents entre les deux périodes d'étude (Test des rangs de Wilcoxon, p=0,0006). Les rapports AAD/AAT sont significativement différents entre les baies, mais seulement en juillet (Analyse de variance de Kruskal-Wallis, juillet : p=0,01 et décembre : p=0,06) (Tableau XVII).

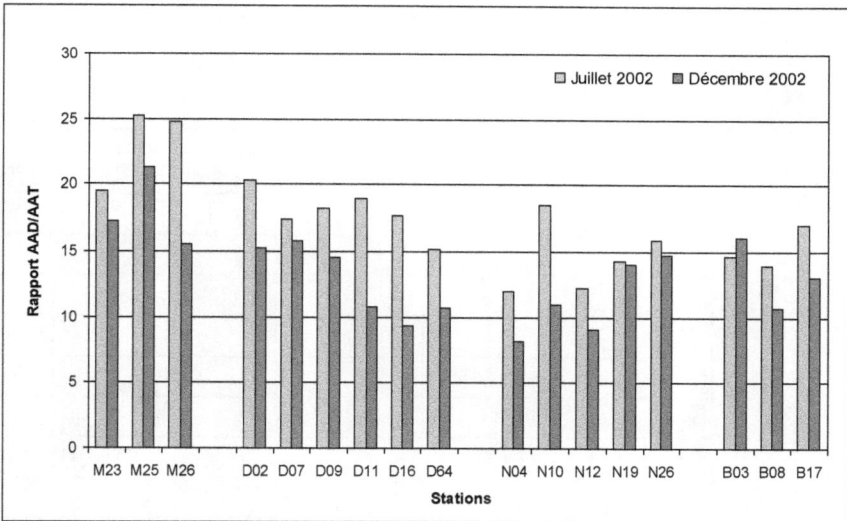

Figure 34 : Rapports AAD/AAT aux stations étudiées en juillet et décembre 2002 dans le Lagon Sud-Ouest.

Biomasse Microphytobenthique

La biomasse microphytobenthique est estimée à partir de la concentration en chlorophylle *a* présente dans le sédiment. La concentration en chlorophylle *a* des fonds vaseux du lagon de Nouméa varie entre 0,5 et 4,71 µg.g PS^{-1} en juillet 2002, et entre 0,58 et 9,40 µg.g PS^{-1} en décembre 2002 (Fig. 31, Tableaux VII-VIII).

En général, les concentrations les plus élevées en Chl*a* et Pheo*a* sont mesurées en décembre. Les concentrations en Chl*a*, ne présentent pas de variation significative ni entre les deux périodes d'étude (Test des rangs de Wilcoxon, p=0,23), ni entre les baies (Analyse de variance de Kruskal-Wallis, p=0,74 juillet et p=0,99 décembre). Les concentrations en Pheo*a*, présentent une variabilité temporelle significative (Test des rangs de Wilcoxon, p=0,005), par contre les différences ne sont pas significatives entre les différentes baies (Analyse de variance de Kruskal-Wallis, p=0,17 juillet et p=0,19 décembre) (Tableau XVII).

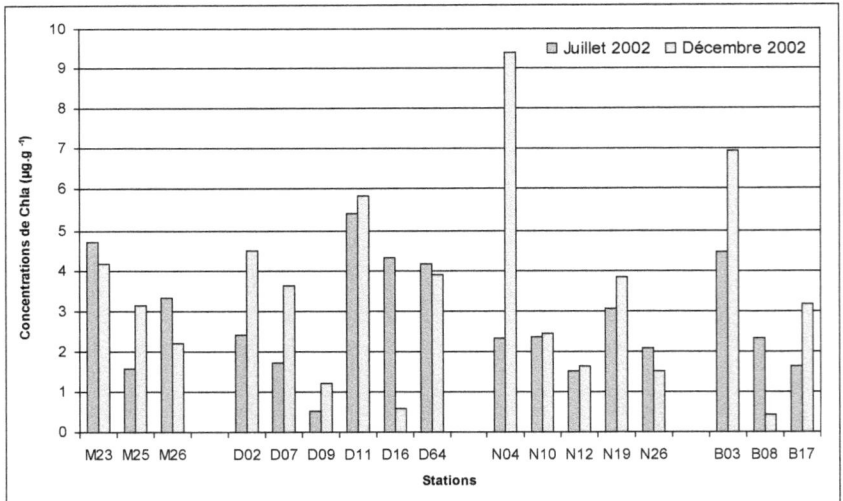

Figure 35 : Concentrations en chlorophylle *a* du microphytobenthos des stations étudiées en juillet et décembre dans le Lagon Sud-Ouest.

Les rapports Pheo*a*/Chl*a* varient entre 0,49 et 3,48 en juillet 2002, pendant cette période ils sont plus élevés aux stations N04, N10 et N12. En décembre, les rapports Pheo*a*/Chl*a* varient entre 1 et 9,66, avec les valeurs les plus fortes aux stations B03 et D64 (Fig. 32, Tableaux VII et VIII).

Les rapports Pheo*a*/Chl*a* sont significativement différents entre les deux périodes d'étude (Test des rangs de Wilcoxon, p=0,015). Par contre les différences entre les baies ne sont pas significatives (Analyse de variance de Kruskal-Wallis, p=0,08 en juillet et décembre 2002) (Tableau XVII).

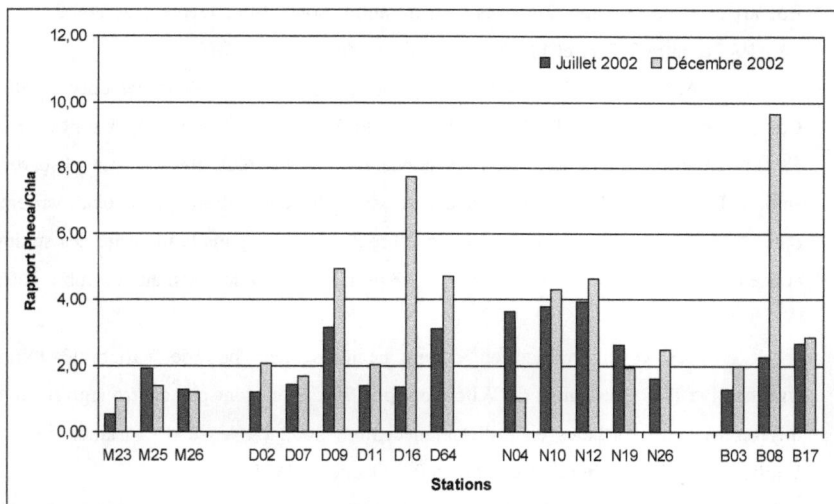

Figure 36 : Rapport Pheo*a*/Chl*a* des stations étudiées en juillet et décembre 2002 dans le Lagon Sud-Ouest.

Métaux dans le sédiment

Cobalt

Les concentrations en cobalt sont comprises entre 5,3 et 263,2 µg.g PS^{-1} en juillet, et entre 5,8 et 312,9 µg.g PS^{-1} en décembre (Fig. 37, Tableaux XI-XII). Pendant les deux périodes étudiées, les concentrations les plus faibles (entre 5,32 et 8,60 µg.g PS^{-1}) sont observées aux stations de la Baie Maa. Dans les autres baies, les concentrations en cobalt sont toujours supérieures à 10 µg.g PS^{-1}, à l'exception de la station N26 (Baie de Sainte-Marie), où les concentrations sont semblables à celles observées dans la Baie Maa. Les concentrations les plus élevées en Co sont mesurées aux stations B03 et B08 de la Baie de Boulari où pendant juillet 2002 les concentrations sont respectivement de 263,22 et 107,98 µg.g PS^{-1} (contre 312,91 et 115,38 µg.g PS^{-1}, en décembre 2002).

Aux stations de la Baie de Dumbéa et de la Grande Rade, les concentrations en Co varient entre 31,42 et 98,21 µg.g PS^{-1} (en juillet et décembre 2002), et sont un peu plus élevées en juillet. Dans ces sites, les concentrations les plus élevées sont observées aux stations D02 et D07. Dans la Baie de Sainte-Marie, les concentrations en cobalt varient entre 8,31 et 16,68 µg.g PS^{-1} (en juillet et décembre 2002), mais dans la majorité des stations ces concentrations sont comprises 14,46 et 16,68 µg.g PS^{-1} en juillet ainsi en décembre 2002.

Les concentrations en cobalt ne présentent pas de variabilité temporelle significative (Test des rangs de Wilcoxon, p=0,70). Elles sont par contre significativement différentes entre les baies en juillet et décembre 2002 (Analyse de variance de Kruskal-Wallis, p=0,003 en juillet et décembre 2002) (Tableau XVII).

Chrome

Les concentrations en chrome varient entre 41,93 et 2730,81 µg.g PS^{-1} en juillet 2002, et entre 46,02 et 3231,53 µg.g PS^{-1} en décembre 2002 (Fig.38, Tableaux XI-XII). Comme pour le cobalt, les concentrations les plus faibles sont observées aux stations de la Baie Maa, où elles varient entre 46,02 et 96,52 µg.g PS^{-1} pendant les deux périodes étudiées. Les concentrations les plus élevées sont mesurées aux stations de la Baie de Boulari, surtout aux stations B03 et B08, où elles sont égales à 2730,81 et 1337,46 µg.g PS^{-1} (respectivement) en juillet 2002, et égales à 3231,53 µg.g PS^{-1} (station B03) et à1412,78 µg.g PS^{-1} (station

B08) en décembre 2002. Aux stations de la Baie de Dumbéa et de la Grande Rade, les concentrations en chrome varient entre 224,49 et 401,06 µg.g PS^{-1} (en juillet et décembre 2002), et sont plus élevées à la station D02, pendant les deux périodes d'étude. Dans la Baie de Sainte-Marie, les concentrations en Cr varient entre 107,30 et 209,89 µg.g PS^{-1} (en juillet et en décembre 2002) et la concentration la plus élevée est mesurée en décembre, à la station N10.

Les concentrations en chrome, ne présentent pas de variabilité temporelle significative (Test des rangs de Wilcoxon, p=0,81). Par contre la variabilité entre les baies est significative pour les deux périodes d'étude (Analyse de variance de Kruskal-Wallis, juillet et décembre 2002 : p=0,002) (Tableau XVII).

Cuivre

Les concentrations en cuivre sont comprises entre 2,10 et 17,70 µg.g PS^{-1} en juillet 2002, et entre 2,44 et 19,88 µg.g DW^{-1} en décembre 2002 (Fig. 39, Tableaux XI-XII). Les concentrations les plus faibles sont mesurées à la station N26 (Baie de Sainte-Marie), pendant les deux périodes étudiées. Les concentrations observées aux stations de la Baie Maa sont faibles par rapport à celles observées dans les autres sites d'étude, avec des valeurs comprises entre 3,28 et 6,22 µg.g PS^{-1}, pour juillet et le décembre 2002. Les concentrations les plus élevées sont mesurées à la station D16 (24,86 µg.g PS^{-1}) en décembre 2002, suivie par la station B03 (17,70 et 19,88 µg.g PS^{-1}, en juillet et décembre 2002, respectivement) et par la station N04 (16,85 µg.g PS^{-1}) en juillet 2002. Les stations de la Baie de Dumbéa et de la Grande Rade, ainsi que les stations N12 (Baie de Sainte-Marie) et B08 (Baie de Boulari), présentent des concentrations supérieures à 9 µg.g PS^{-1} pendant les deux périodes étudiées.

Les concentrations en cuivre ne présentent pas de différence significative entre les deux périodes d'étude (Test des rangs de Wilcoxon, p=1,00), ni entre les différentes baies étudiées (Analyse de variance de Kruskal-Wallis, juillet : p=0,13, et décembre : p=0,12) (Tableau XVII).

Manganèse

Les concentrations en manganèse varient entre 66,97 et 1742,48 μg.g PS^{-1} en juillet 2002, et entre 100 et 1875,48 μg.g PS^{-1} en décembre 2002 (Fig. 40, Tableaux XI-XII). Pendant les deux périodes d'étude, les concentrations les plus basses sont mesurées à la station M23 (66,97 et 100 μg.g PS^{-1}), et les concentrations les plus élevées à la station B03 (1742,48 et 1875,48 μg.g PS^{-1}).

Aux stations de la Baie de Dumbéa et de la Grande Rade, les concentrations en manganèse varient entre 221,29 et 403,15 μg.g PS^{-1} (en juillet et décembre 2002). Dans la Baie de Sainte-Marie, les concentrations en manganèse sont comprises entre 86,65 et 214,96 μg.g PS^{-1} en juillet, et entre 86,29 et 209,64 μg.g PS^{-1} en décembre, avec les concentrations les plus élevées à la station N19 et les plus faibles à la stations N26 (en juillet et décembre 2002).

Les concentrations en manganèse, ne présentent pas une variabilité temporelle significative (Test des rangs de Wilcoxon, p=0,26). Par contre elles sont significativement différentes entre les baies étudiées en juillet et décembre 2002 (Analyse de variance de Kruskal-Wallis, p=0,005 pour juillet et décembre) (Tableau XVII).

Nickel

Les concentrations en nickel mesurées dans les différents sites étudiés varient de 53,55 à 3952,42 μg.g PS^{-1} en juillet 2002, et de 58,30 à 4439,57 μg.g PS^{-1} en décembre 2002 (Fig. 41, Tableaux XI et XII). Pendant les deux périodes d'étude, les concentrations les plus élevées sont mesurées aux stations B03, B08, D02, D07, D09 et D11, où les concentrations en Ni sont supérieures à 1000 μg.g PS^{-1}, particulièrement en décembre. Les concentrations les plus faibles sont observées aux stations de référence de la Baie Maa, où le nickel varie entre 53,55 et 147,16 μg.g PS^{-1} (en juillet et décembre 2002). La station N26 de la Baie de Sainte-Marie présente également des concentrations en nickel très proches de celles de la Baie Maa (respectivement 135,87 et 133,05 μg.g PS^{-1}, en juillet et décembre 2002).

Les autres stations de la Baie de Sainte-Marie présentent des concentrations qui oscillent entre 228,52 et 274,05 μg.g PS^{-1} en juillet 2002, et entre 221,61 et 282,69 μg.g PS^{-1} en décembre 2002. Contrairement à la majorité des stations étudiées, les concentrations en nickel mesurées dans la Baie de Sainte-Marie sont d'une manière générale, légèrement moins forte en décembre. Les teneurs en nickel mesurées à la station D64 (Baie de Dumbéa) sont de 574,02 µg.g PS^{-1} en juillet 2002, et de 610,18 µg.g PS^{-1} en décembre 2002, donc très proches de celles mesurées à la station D16 (670,87 µg.g PS^{-1}) en décembre 2002. Par contre, la station D16 présente des concentrations plus élevées en juillet, atteignant 1136,27 µg.g PS^{-1}.

Comme celles des autres métaux, les concentrations en nickel ne présentent pas une variabilité temporelle significative (Test des rangs de Wilcoxon, p=0,14). Par contre la variabilité entre les différentes baies est significative pour les deux périodes étudiées (Analyse de variance de Kruskal-Wallis, p=0,004 pour juillet et décembre 2002) (Tableau XVII).

Zinc

Les concentrations en zinc varient entre 12,29 et 180,63 µg.g PS^{-1} en juillet 2002, et entre 13,39 et 160,95 µg.g PS^{-1} en décembre 2002 (Fig. 42, Tableaux XI et XII). Les concentrations les plus élevées sont mesurées à la station D07, en juillet ainsi qu'en décembre. De manière générale, les concentrations les plus fortes, supérieures à 100 µg.g PS^{-1}, sont mesurées dans la Grande Rade et à la station B03 de la Baie de Boulari (en juillet et en décembre 2002). Alors que les concentrations les plus faibles (entre 12,29 et 21,36 µg.g PS^{-1}) sont mesurées aux stations de la Baie Maa et à la station N26 de la Baie de Sainte-Marie, pendant les deux périodes d'étude. Les teneurs en zinc de la Baie de Sainte-Marie, de la station D64 (Baie de Dumbéa) et des stations B08 et B17 varient entre 27,61 et 68,36 µg.g PS^{-1} pendant les deux périodes étudiées.

Les concentrations en zinc ne présentent pas une variabilité temporelle significative (Test des rangs de Wilcoxon, p=0,39). Par contre elles sont significativement différentes entre les baies pendant les deux périodes d'étude (Analyse de variance de Kruskal-Wallis, juillet : p=0,008, et décembre : p=0,011) (Tableau XVII).

Plomb

En juillet 2002, les concentrations en plomb varient entre 1,24 et 52,25 µg.g PS^{-1}, alors qu'en décembre 2002 elles varient entre 1,28 et 32,57 µg.g PS^{-1} (Fig. 43, Tableaux XI et XII). Les concentrations les plus faibles sont mesurées aux stations de référence de la Baie

Maa (entre 1,24 et 2,12 µg.g PS⁻¹). En juillet, la concentration la plus élevée est mesurée à la station D02 (52,25 µg.g PS⁻¹), tandis qu'en décembre, elle est observée à la station D11.

Les concentrations en plomb mesurées dans la Baie de Sainte-Marie varient entre 4,26 et 25,95 µg.g PS⁻¹ pendant les deux périodes d'études, avec les concentrations les plus faibles mesurées à la stations N26 et les plus élevées à la station N04. Dans la Baie de Boulari, les teneurs en plomb sont très faibles en comparaison avec celles de la Grande Rade, de la Baie de Dumbéa et de celles de la Baie de Sainte-Marie.

La variabilité temporelle des concentrations en plomb, comme pour tous les autres métaux, n'est pas significative (Test des rangs de Wilcoxon, p=0,48). Par contre les différences entre les baies sont significatives pendant les deux périodes d'étude (Analyse de variance de Kruskal-Wallis, juillet : p=0,004, et décembre : p=0,003) (Tableau XVII).

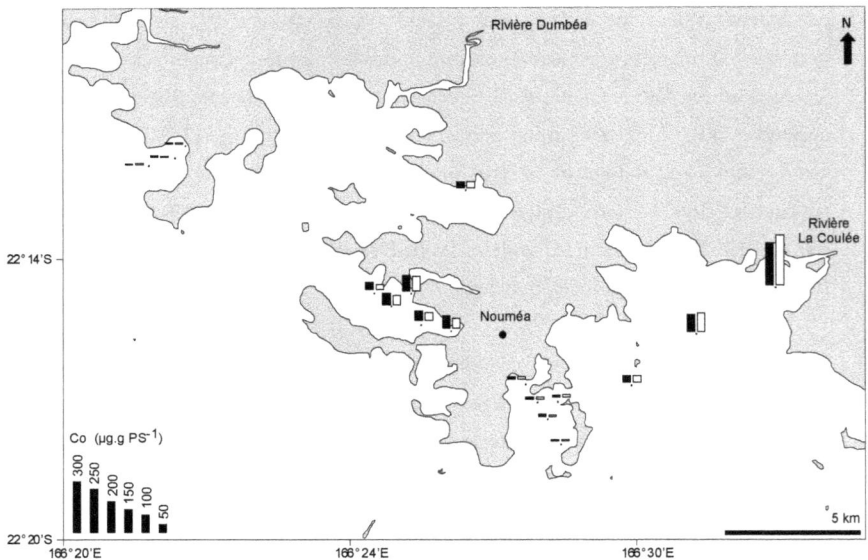

Figure 37 : Distribution spatio-temporelle des concentrations en Cobalt dans les sédiments du Lagon Sud-Ouest. Juillet 2002 : barres noires; Décembre 2002 : barres blanches.

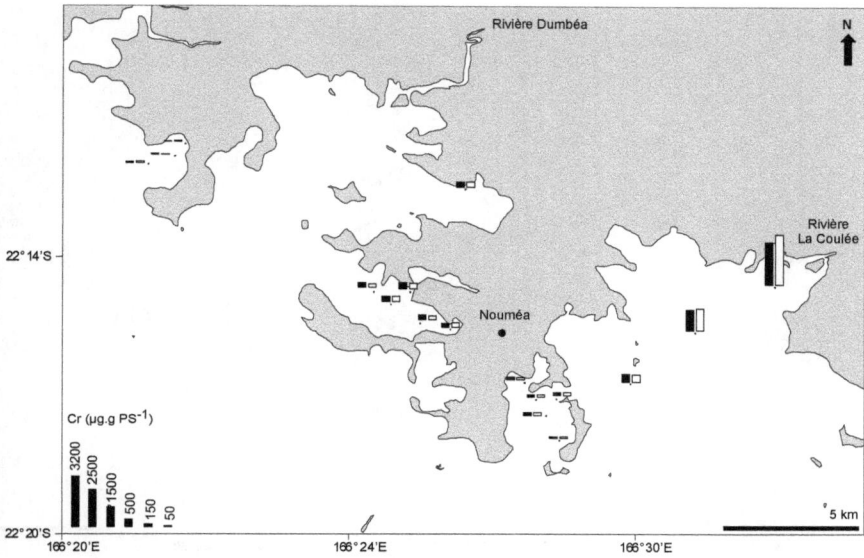

Figure 38 : Distribution spatio-temporelle des concentrations en Chrome dans le sédiment du Lagon Sud-Ouest. Juillet 2002 : barres noires; Décembre 2002 : barres blanches.

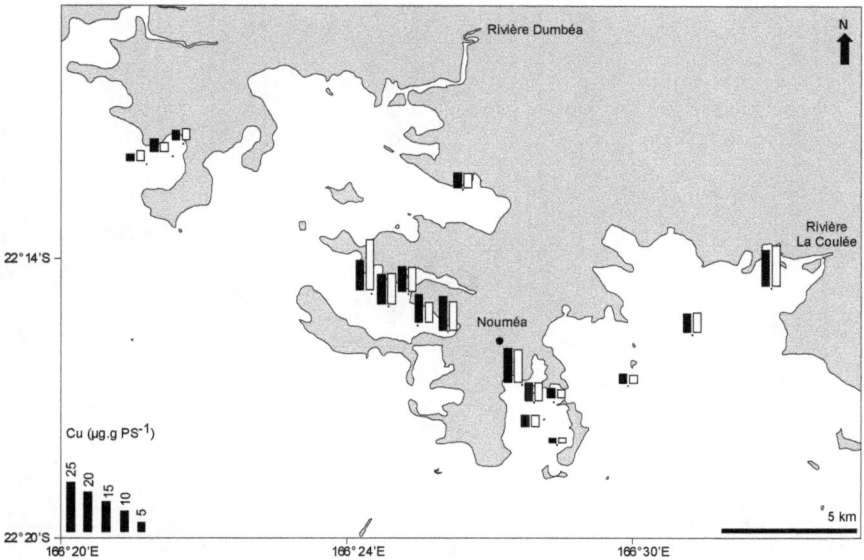

Figure 39 : Distribution spatio-temporelle des concentrations en Cuivre dans le sédiment du Lagon Sud-Ouest. Juillet 2002 : barres noires; Décembre 2002 : barres blanches.

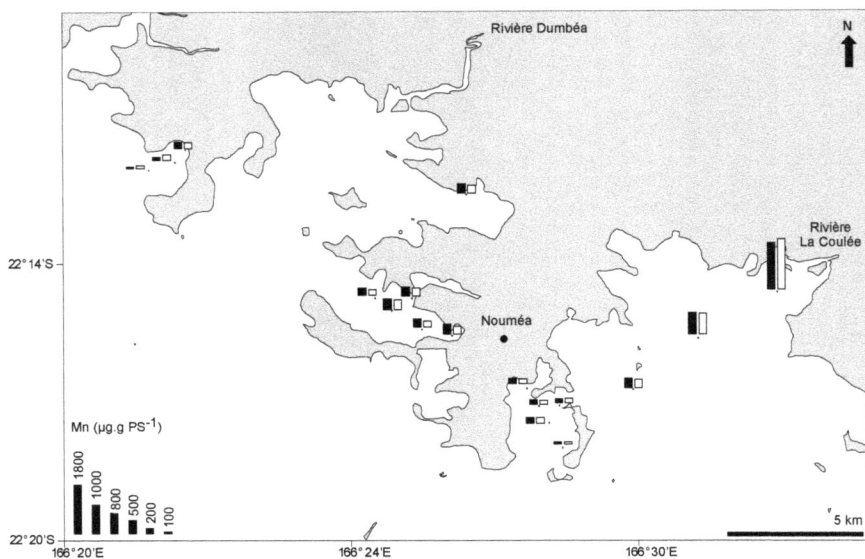

Figure 40 : Distribution spatio-temporelle des concentrations en Manganèse dans les sédiments du Lagon Sud-Ouest. Juillet 2002 : barres noires; Décembre 2002 : barres blanches.

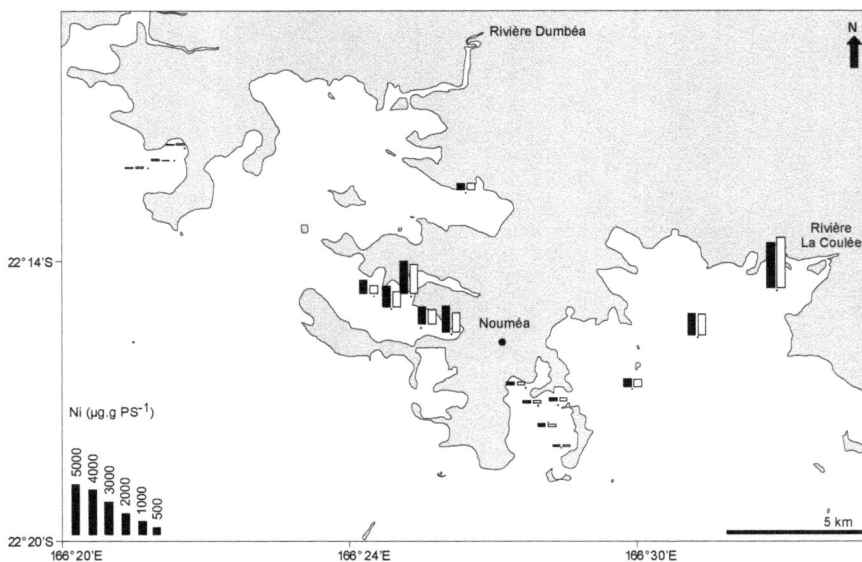

Figure 41 : Distribution spatio-temporelle des concentrations en Nickel dans les sédiments du Lagon Sud-Ouest. Juillet 2002 : barres noires; Décembre 2002 : barres blanches.

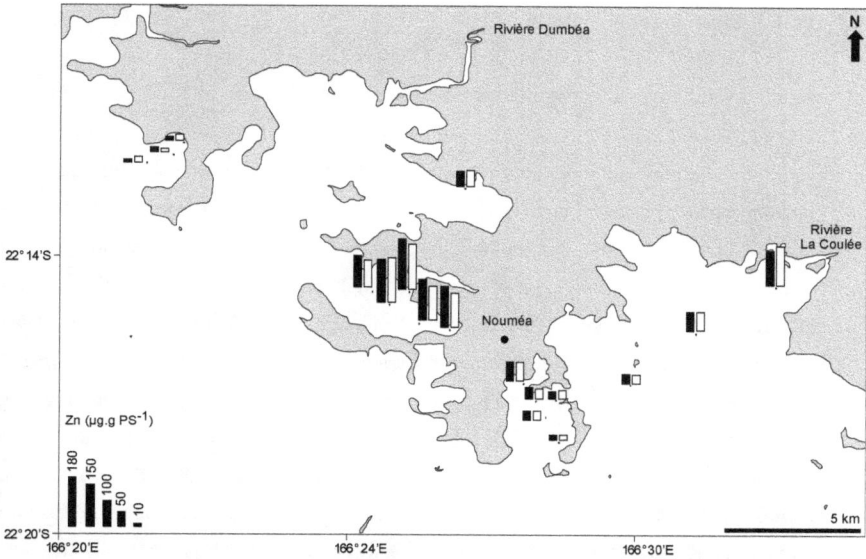

Figure 42 : Distribution spatio-temporelle des concentrations en Zinc dans les sédiments du Lagon Sud-Ouest. Juillet 2002 : barres noires; Décembre 2002 : barres blanches.

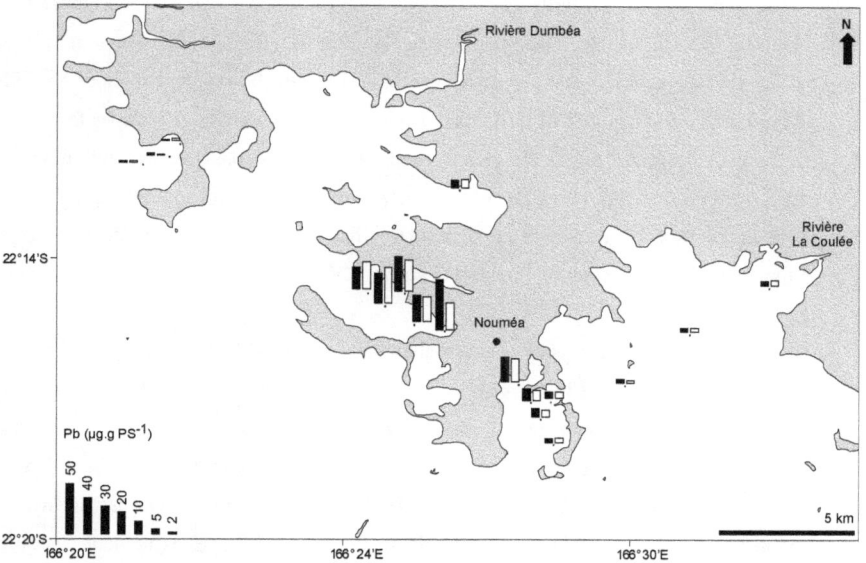

Figure 43 : Distribution spatio-temporelle des concentrations en Plomb dans les sédiments du Lagon Sud-Ouest. Juillet 2002 : barres noires; Décembre 2002 : barres blanches.

IV.1.2- Méiofaune

IV.1.2.1- Composition et distribution de la méiofaune

La méiofaune des fonds vaseux du Lagon Sud-Ouest est composée de vingt-deux taxa majeurs et de deux stades larvaires (nauplius de copépode et larve de Priapuliens). Les taxa majeurs sont les : Nématodes, Copépodes, Turbellariés, Polychètes, Oligochètes, Ostracodes, Kinorhynques, Tardigrades, Gnathostomulides, Gastrotriches, Cnidaires, Bivalves, Gastéropodes, Halacarides, Isopodes, Priapuliens, Rotifères, Cumacés, Amphipodes, Tanaïdacés, Holothurides et Caprellidés. Dans le groupe nommé *"autres"* sont inclus des larves de Crevettes, d'Echinodermes et d'autres stades larvaires non identifiés (Tableaux XIII-XIV). Le nombre total de taxa majeurs ne présente pas une variabilité temporelle significative (Test des rangs de Wilcoxon, p=0,23). Par contre elle est significativement différente entre les quatre baies en juillet et en décembre 2002 (Analyse de variance de Kruskal-Wallis, juillet : p=0,032, et décembre : p=0,24) (Tableau XVII).

Les densités moyennes de la méiofaune totale sont comprises entre 400,5 et 2.922,25 ind.10 cm^{-2} en juillet, et entre 277 et 2613,66 ind.10 cm^{-2} en décembre (Fig. 44, Tableaux XIII-XIV). De manière générale, les densités les plus élevées sont relevées en juillet, spécialement aux stations de la Baie Maa. Les plus basses densités sont observées en décembre aux stations D16 et N12, ainsi que le plus faible nombre de groupes taxonomiques. La densité moyenne de la méiofaune totale ne présente pas une variabilité temporelle significative (Test des rangs de Wilcoxon, p=0,18). Par contre elle est significativement différente entre les quatre baies seulement en juillet (Analyse de variance de Kruskal-Wallis, juillet : p=0,002, et décembre : p=0,06) (Tableau XVII).

La densité moyenne des Nématodes varie entre 292,75 et 1663,25 ind.10 cm^{-2} en juillet 2002, et entre 206,25 et 1234,50 ind.10 cm^{-2} en décembre 2002. Les densités les plus élevées sont observées aux stations du site de référence (Baie Maa), tandis que les densités les plus faibles sont observées aux stations de la Grande Rade et de la Baie de Sainte-Marie (Fig. 45, Tableau XIII-XIV). Les densités des Nématodes ne présentent pas une variabilité temporelle significative (Test des rangs de Wilcoxon, p=0,57). Elles ne sont pas non plus significativement différente entre les baies pendant les deux périodes étudiées (Analyse de variance de Kruskal-Wallis, juillet : p=0,07, et décembre : p=0,18) (Tableaux XVII).

Les densités des Copépodes varient entre 5,75 et 717 ind.10 cm^{-2} juillet 2002 et entre 13,75 et 389,25 ind.10 cm^{-2} en décembre 2002 (Fig. 46, Tableaux XIII-XIV). Les densités les plus faibles des Copépodes sont observées dans la Baie de Sainte-Marie pendant les deux périodes étudiées, particulièrement à la station N12. De manière générale les densités sont les plus faibles en décembre 2002. Les densités les plus élevées sont observées aux stations de la Baie Maa (site de référence), surtout à la station M25, en juillet et en décembre 2002. Les densités des nauplii et de Copépodes suivent une distribution très semblable à celle des Copépodes (Fig. 47, Tableaux XIII-XIV). Leurs densités varient entre 7,75 et 707,75 ind.10 cm^{-2} en juillet, et entre 9,50 et 316,50 ind.10 cm^{-2} en décembre.

Comme pour les Copépodes, les densités des nauplii sont plus élevées aux stations de référence (Baie Maa) pendant les deux périodes étudiées, surtout à la station M25 et en juillet 2002. Les densités les plus faibles sont observées à la station N12 (Baie de Sainte-Marie), en juillet (7,75 ind.10 cm^{-2}), et à la station D16 au début de la saison humide (9,50 ind.10 cm^{-2}). Les Copépodes, ainsi que leurs nauplii, ne présentent pas une variabilité temporelle significative (Test des rangs de Wilcoxon, Copépodes p=0,88; nauplius p=0,15). Par contre, leurs densités sont significativement différentes entre les baies en juillet 2002 (Analyse de variance de Kruskal-Wallis, p=0,002 pour les Copépodes et Nauplius), mais pas en décembre 2002 (Analyse de variance de Kruskal-Wallis, Copépodes : p=0,13; Nauplius : p=0,052) (Tableau XVII).

Les densités des Polychètes varient entre 32,75 et 160,75 ind.10 cm^{-2} en juillet 2002, et entre 16 et 233 ind.10 cm^{-2} en décembre 2002 (Fig. 48, Tableau XIII-XIV). En juillet, la plus grande densité de Polychètes est observée à la station D64 (Baie de Dumbéa), alors qu'en décembre, cette station présente une des densités les plus basses de la saison. Les densités les plus élevées sont observées aux stations de référence (Baie Maa). Les densités des Polychètes ne présentent pas de différence significative, ni entre les différentes périodes étudiées (Test des rangs de Wilcoxon, p=0,39), ni entre les baies (Analyse de variance de Kruskal-Wallis, juillet : p=0,25, décembre : p=0,61) (Tableau XVII).

Les densités de Turbellariés varient entre 5,50 et 75,25 ind.10 cm^{-2} en juillet 2002 et entre 9,50 et 91,50 ind.10 cm^{-2} en décembre 2002 (Fig. 49, Tableaux XIII-XXIV). En juillet, les densités les plus élevées sont observées aux stations D02, M26, D07, N19, M23, M25, tandis qu'en décembre les densités supérieures à 50 ind.10 cm^{-2} sont observées seulement aux stations B17, B03, M26 et N19. Comme pour les Polychètes, les densités de

Turbellariés ne présentent pas de différence significative, ni entre les deux périodes étudiées (Test des rangs de Wilcoxon, p=0,42), ni entre les différentes baies (Analyse de variance de Kruskal-Wallis, juillet : p=0,18, décembre : p=0,055) (Tableau XVII).

La densité moyenne des Oligochètes varie entre 1,75 et 35 ind.10 cm^{-2} juillet 2002, et entre 1 et 116,25 ind.10 cm^{-2} en décembre 2002 (Fig. 50, Tableaux XIII-XIV). Les Oligochètes atteignent leur plus forte densité à la station N04 (35 ind.10 cm^{-2}) en juillet, et à la station M23 (116,25 ind.10 cm^{-2}) en décembre. Cependant, en général leurs densités sont plus faibles en décembre. Les densités des Oligochètes ne présentent pas de différence temporelle significative (Test des rangs de Wilcoxon, p=0,42). Par contre leur variabilité entre les baies est significative lors de deux périodes étudiées (Analyse de variance de Kruskal-Wallis, juillet : p=0,02; décembre : p=0,010) (Tableaux XVII).

Les densités des Ostracodes varient entre 4,50 et 78,75 ind.10 cm^{-2} en juillet 2002, et entre 1,75 et 29,25 ind.10 cm^{-2} en décembre 2002 (Fig. 51, Tableaux XIII-XIV). Les Ostracodes sont beaucoup moins nombreux en décembre (au début de la saison humide), et leurs densités les plus élevées sont observées en juillet aux stations D07, D16, D02 (Grande Rade), M25 (Baie Maa). Les densités des Ostracodes présentent une variabilité temporelle significative (Test des rangs de Wilcoxon, p=0,008). Par contre, leurs densités ont été significativement différentes entre les baies étudiées uniquement en juillet (Analyse de variance de Kruskal-Wallis, juillet : p=0,008; décembre : p=0,72) (Tableau XVII).

Les densités des Kinorhynques varient entre 1,75 et 105 ind.10 cm^{-2} en juillet 2002, et entre 2,75 et 92,25 ind.10 cm^{-2} en décembre 2002 (Fig. 52, Tableaux XIII-XIV). En juillet, les densités les plus élevées sont observées dans la Baie Maa et à la station D02. Les densités les plus faibles sont observées aux stations N10 et N19 (Baie de Sainte-Marie). En décembre, la densité la plus élevée est observée à la station B03 dans la Baie de Boulari. Des densités élevées sont également trouvées aux stations M25 (Baie Maa) et B17 (Baie de Boulari). Pendant cette même période, les densités les plus faibles sont associées aux stations D09 et D11. Les Kinorhynques sont absents de la station D16 en décembre. Les densités de Kinorhynques ne présentent pas une variabilité temporelle significative (Test des rangs de Wilcoxon, p=0,63). Par contre elles sont significativement différentes entre les baies pendant les deux périodes étudiées (Analyse de variance de Kruskal-Wallis, juillet : p=0,02; décembre : p=0,008) (Tableau XVII).

Les Tardigrades sont présents en juillet 2002 seulement aux stations M23, M26, D11, D16, N04, N10, N26, B03, B08, B17. En décembre 2002, le nombre des stations diminue encore, et les Tardigrades ne sont plus observés qu'aux stations M23, M26, D11, N10, N26, B03, B08 et B17. Les densités les plus élevées sont observées aux stations D11 et M26 (6,75 et 8,25 ind.10 cm^{-2}, respectivement) en juillet. En décembre, les densités observées ne dépassent pas 1,25 ind.10 cm^{-2} (Fig. 53, Tableaux XIII-XIV).

Les Cnidaires sont plus nombreux en juillet 2002, leurs densités moyennes varient entre 1,00 et 31,75 ind.10 cm^{-2}. Les densités les plus élevées sont alors observées aux stations de la Baie Maa. En d"cembre 2002 les densités varient entre 0 et 6 ind.10 cm^{-2}, avec la valeur la plus élevée à la station B03 (Baie de Boulari) (Fig. 54, Tableaux XIII-XIV).

Les densités des Gastéropodes sont plus élevées à la station D11 (Grande Rade) en juillet et en décembre 2002 (23,50 et 44,75 ind.10 cm^{-2}, respectivement). En décembre, la station B03 présente une densité des Gastéropodes environ dix fois plus élevée que celle observée en juillet (juillet : 3 ind.10 cm^{-}2; décembre : 37,25 ind.10 cm^{-2}) (Fig. 55, Tableaux XIII-XIV).

Les densités des Tanaïdacés varient entre 0,25 et 4,75 ind.10 cm^{-2} en juillet 2002, et entre 0,25 et 40 ind.10 cm^{-2} en décembre 2002. Les densités les plus élevées sont observées aux stations du site référence (Baie Maa) et à la station B17 (Baie de Boulari), en décembre (Fig. 56, Tableaux XIII-XIV).

Les Holothurides sont présents seulement aux stations M26 (Baie Maa) et N19 (Baie de Sainte-Marie) pendant les périodes étudiées (Fig. 57, Tableaux XIII-XIVEn juillet 2002 leurs densités sont respectivement de 91,75 ind.10 cm^{-2} à la station M26, et de 0,25 ind.10 cm^{-2} à la station N19. En décembre 2002, les densités sont respectivement de 4,25 ind.10 cm^{-2} à la station M26, et de 2,25 ind.10 cm^{-2} à la station N19.

Les Gnathostomulides, Gastrotriches, Bivalves, Halacarides, Isopodes, Priapuliens, larves de Priapuliens, Rotifères, Cumacés, Amphipodes, Caprellidés et "*Autres*" sont présents en faibles densités dans toutes les baies étudiées et pendant les deux périodes d'étude. Les densités moyennes sont inférieures à 10 ind.10 cm^{-2} (Fig. 58-69, Tableaux XIII-XIV).

La densité de la méiofaune totale, ainsi que les densités de Copépodes, larve Nauplius, Oligochètes, Ostracodes, Kinorhynques, Rotifères, Cumacés et Amphipodes sont significativement différentes entre les baies pendant les deux périodes étudiées (Analyse de variance de Kruskal-Wallis, $p<0.05$) (Tableau XVII).

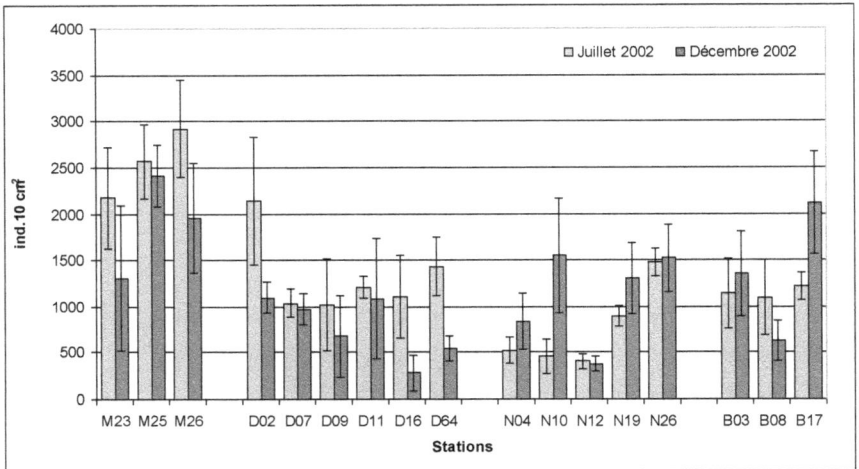

Figure 44 : Densités moyennes de la méiofaune totale (ind.10 cm^{-2}) aux stations étudiées en juillet et en décembre 2002 dans le Lagon Sud-Ouest.

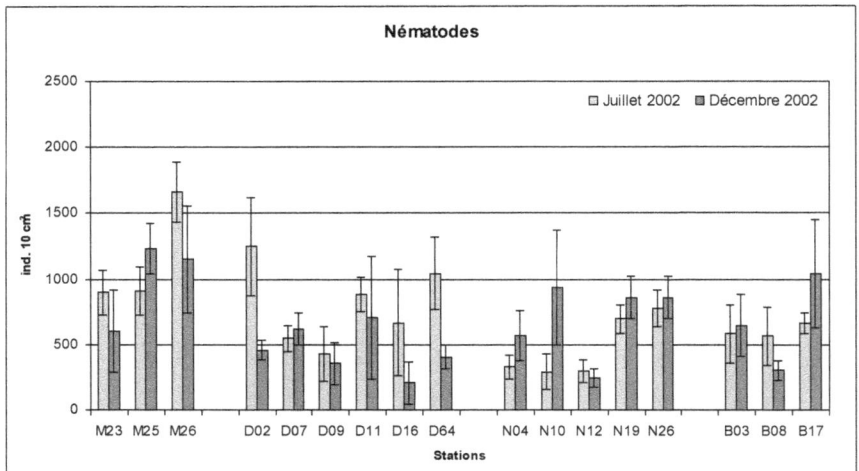

Figure 45 : Densités moyennes des Nématodes aux stations étudiées en juillet et en décembre 2002 dans le Lagon Sud-Ouest.

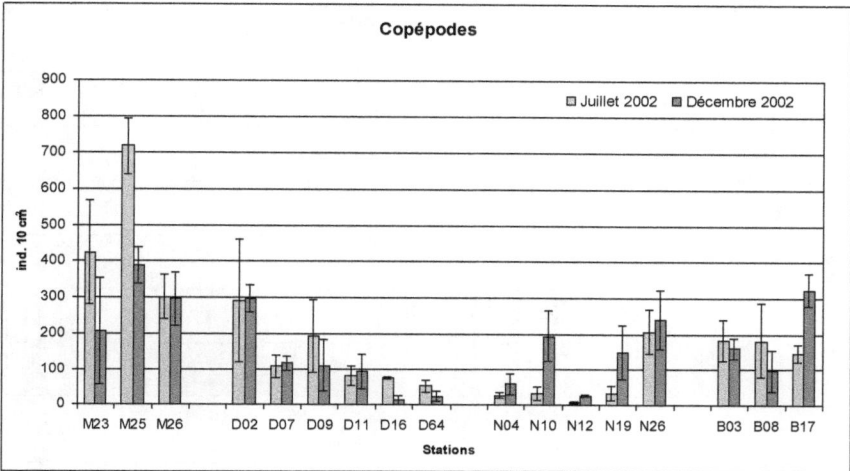

Figure 46 : Densités moyennes des Copépodes aux stations étudiées en juillet et en décembre 2002 dans le Lagon Sud-Ouest.

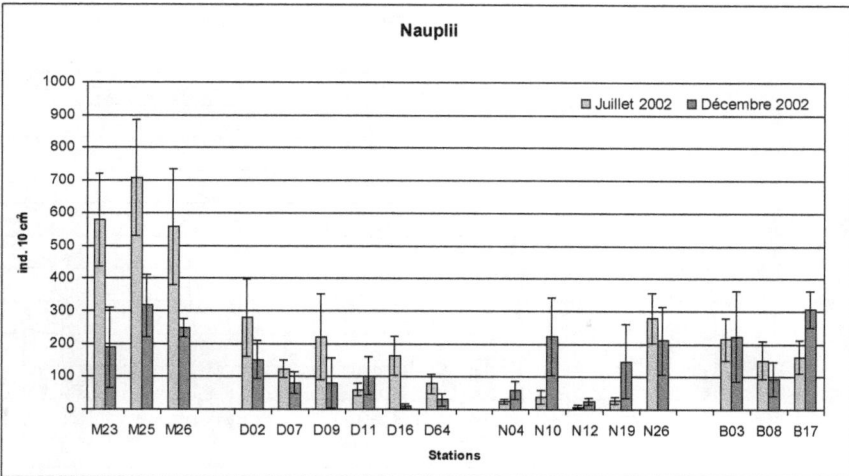

Figure 47 : Densités moyennes des Nauplii aux stations étudiées en juillet et en décembre 2002 dans le Lagon Sud-Ouest.

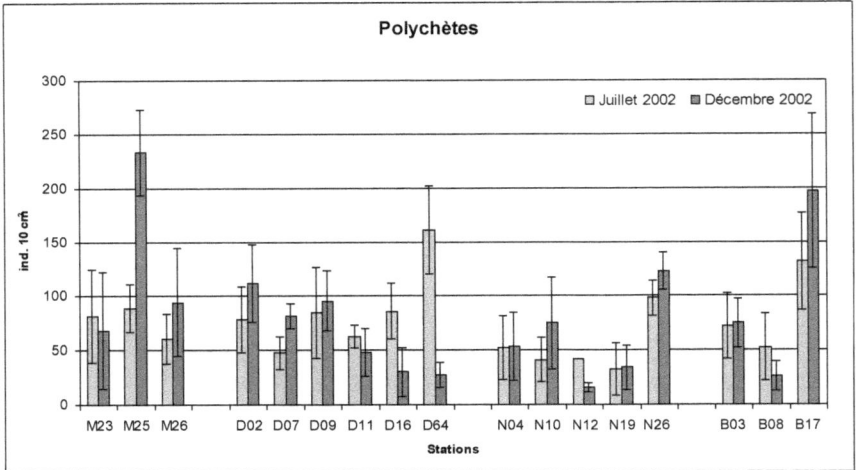

Figure 48 : Densités moyennes des Polychètes aux stations étudiées en juillet et en décembre 2002 dans le Lagon Sud-Ouest.

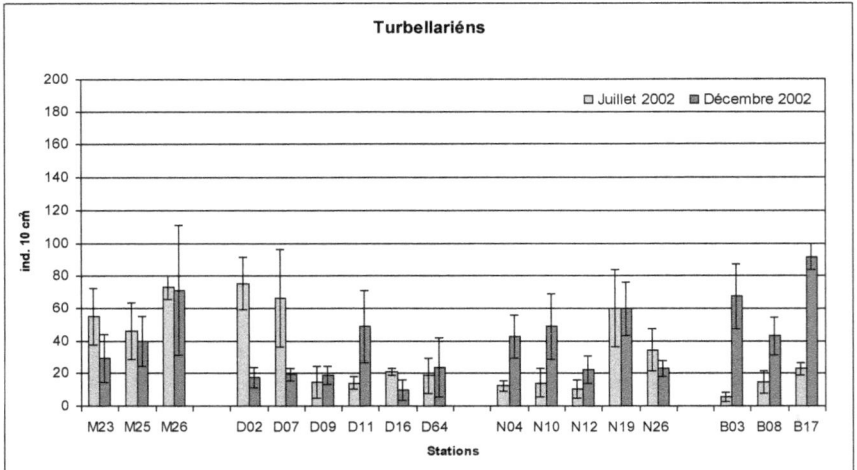

Figure 49 : Densités moyennes des Turbellariés aux stations étudiées en juillet et en décembre 2002 dans le Lagon Sud-Ouest.

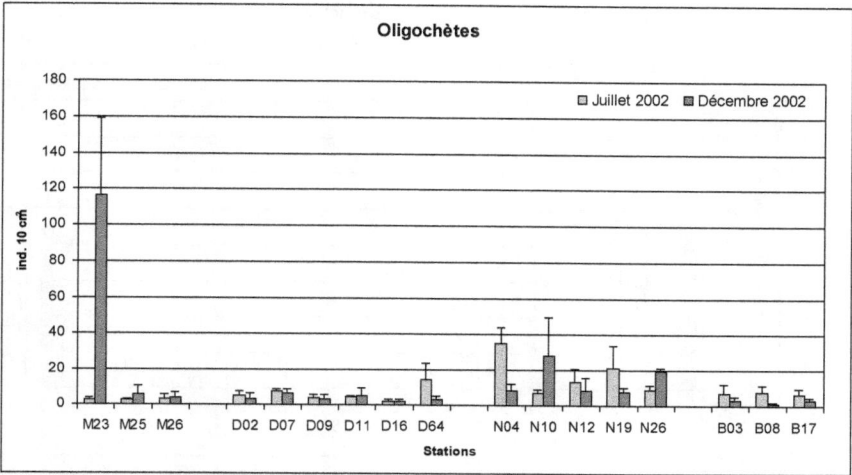

Figure 50 : Densités moyennes des Oligochètes aux stations étudiées en juillet et en décembre 2002 dans le Lagon Sud-Ouest.

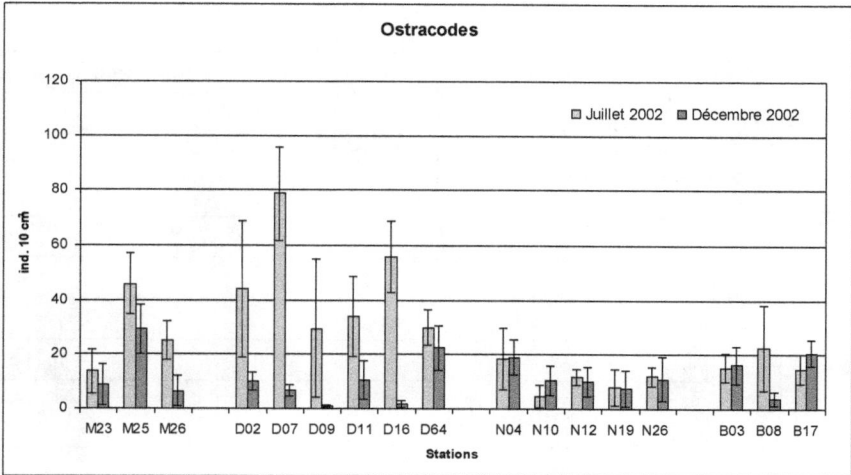

Figure 51 : Densités moyennes des Ostracodes aux stations étudiées en juillet et en décembre 2002 dans le Lagon Sud-Ouest.

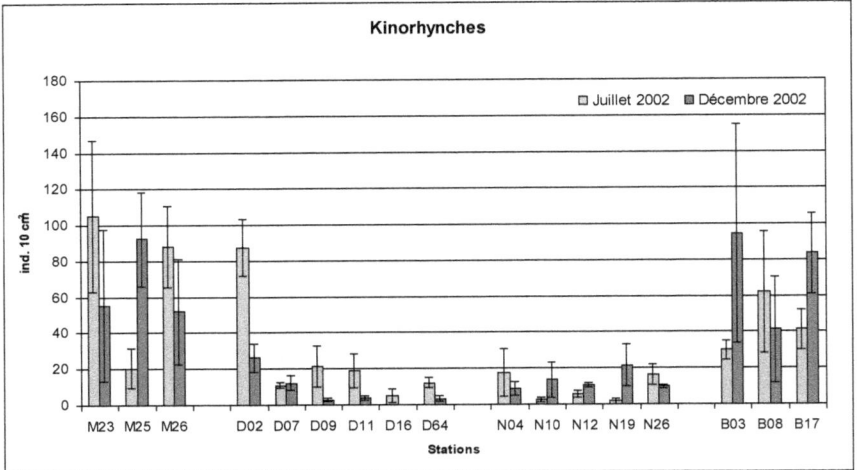

Figure 52 : Densités moyennes des Kinorhynches aux stations étudiées en juillet et en décembre 2002 dans le Lagon Sud-Ouest.

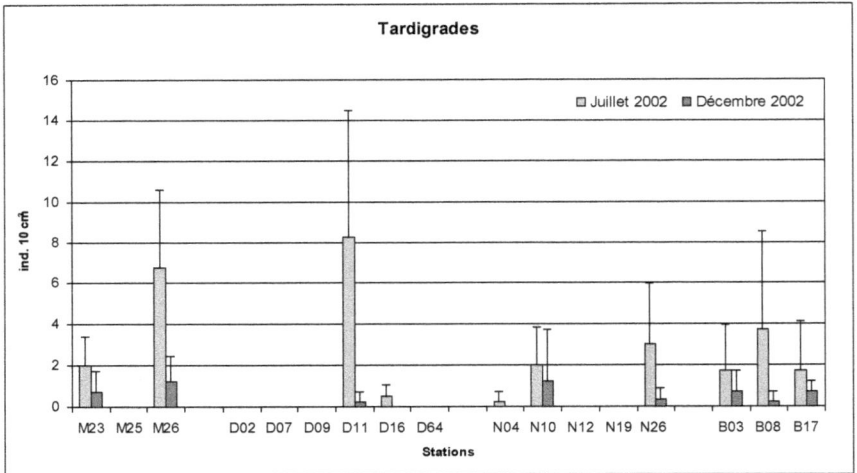

Figure 53 : Densités moyennes des Tardigrades aux stations étudiées en juillet et en décembre 2002 dans le Lagon Sud-Ouest.

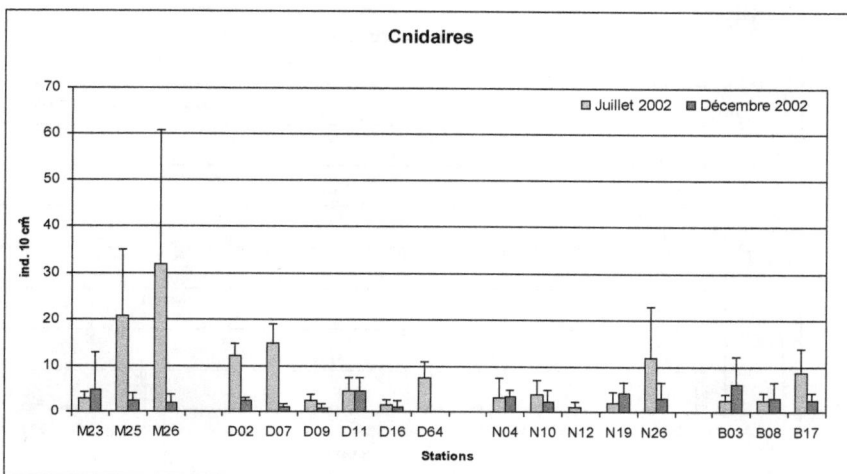

Figure 54 : Densités moyennes des Cnidaires aux stations étudiées en juillet et en décembre 2002 dans le Lagon Sud-Ouest.

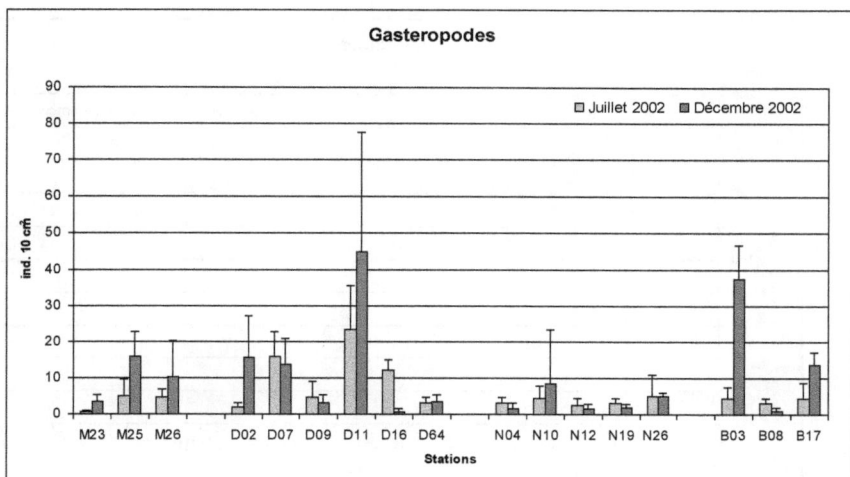

Figure 55 : Densités moyennes des Gastéropodes aux stations étudiées en juillet et en décembre 2002 dans le Lagon Sud-Ouest.

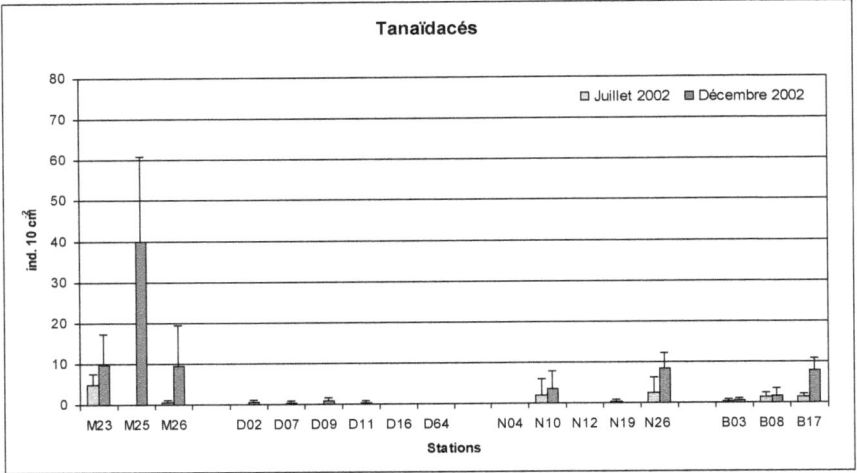

Figure 56 : Densités moyennes des Tanaïdacés aux stations étudiées en juillet et en décembre 2002 dans le Lagon Sud-Ouest.

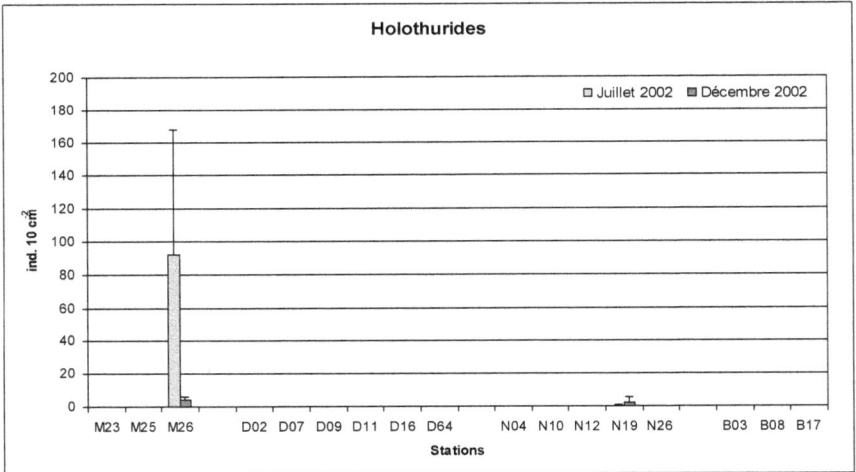

Figure 57 : Densités moyennes des Holothurides aux stations étudiées en juillet et en décembre 2002 dans le Lagon Sud-Ouest.

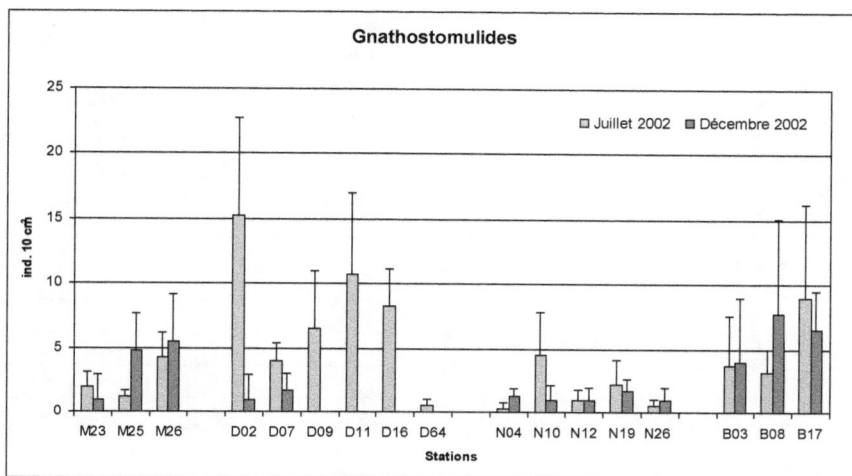

Figure 58 : Densités moyennes des Gnathostomulides aux stations étudiées en juillet et en décembre 2002 dans le Lagon Sud-Ouest.

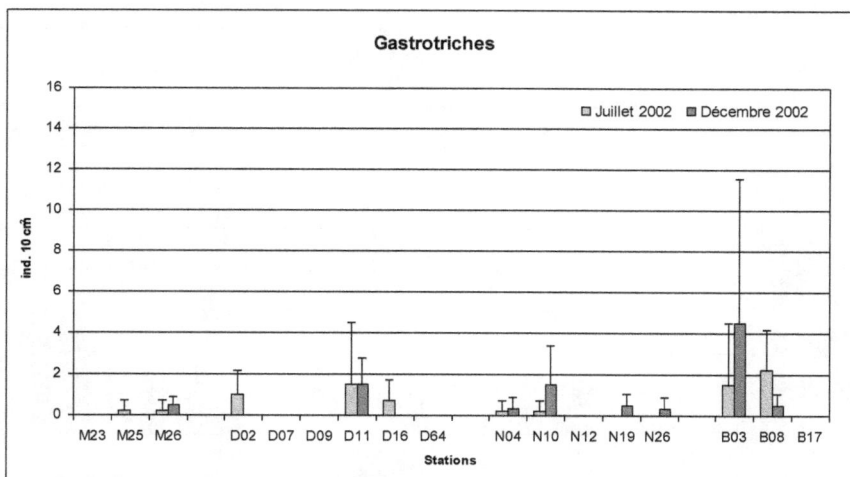

Figure 59 : Densités moyennes des Gastrotriches aux stations étudiées en juillet et en décembre 2002 dans le Lagon Sud-Ouest.

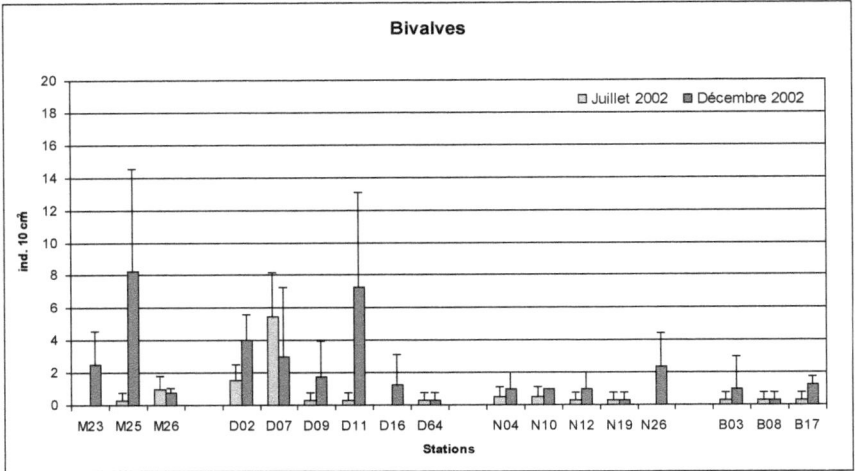

Figure 60 : Densités moyennes des Bivalves aux stations étudiées en juillet et en décembre 2002 dans le Lagon Sud-Ouest.

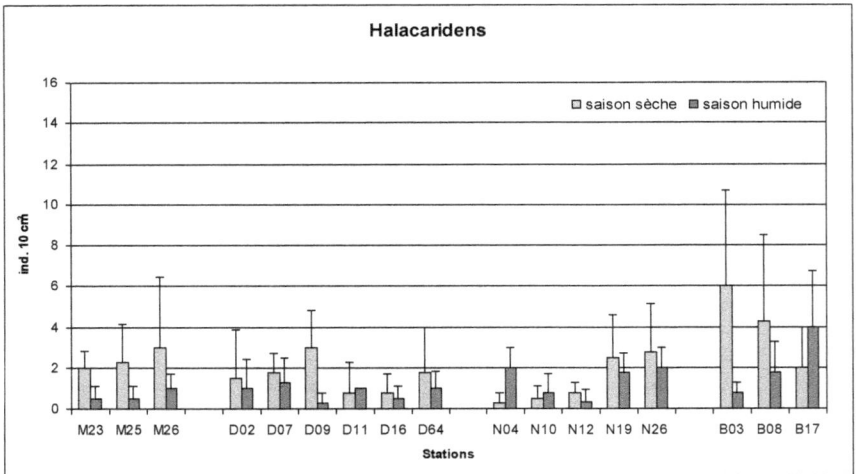

Figure 61 : Densités moyennes des Halacarides aux stations étudiées en juillet et en décembre 2002 dans le Lagon Sud-Ouest.

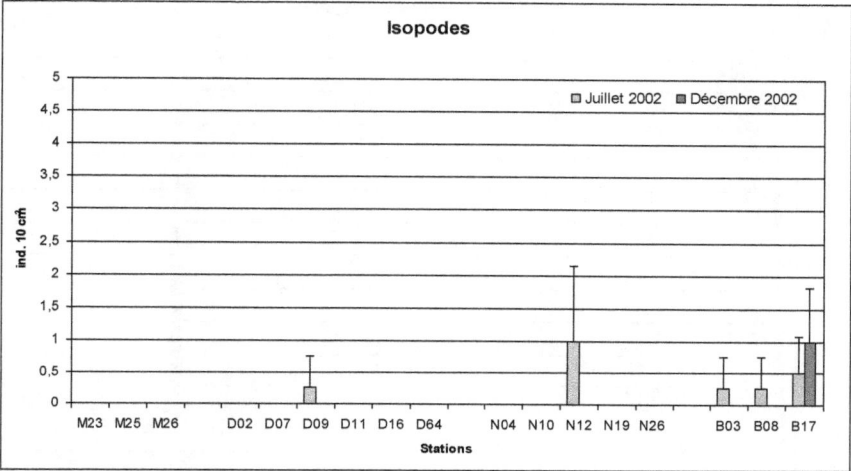

Figure 62 : Densités moyennes des Isopodes aux stations étudiées en juillet et en décembre 2002 dans le Lagon Sud-Ouest.

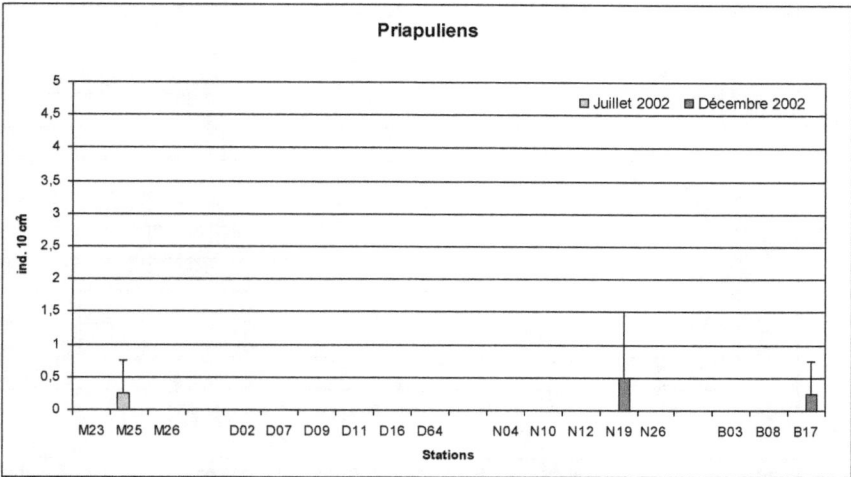

Figure 63 : Densités moyennes des Priapuliens aux stations étudiées en juillet et en décembre 2002 dans le Lagon Sud-Ouest.

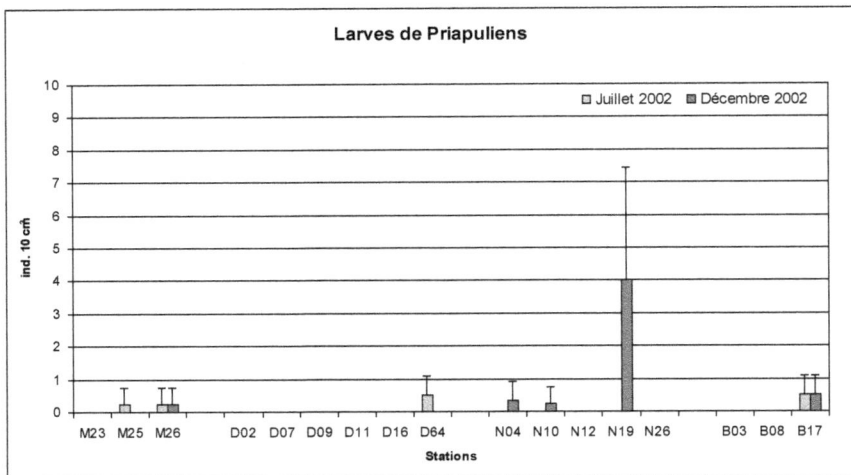

Figure 64 : Densités moyennes des larves de Priapuliens aux stations étudiées en juillet et en décembre 2002 dans le Lagon Sud-Ouest.

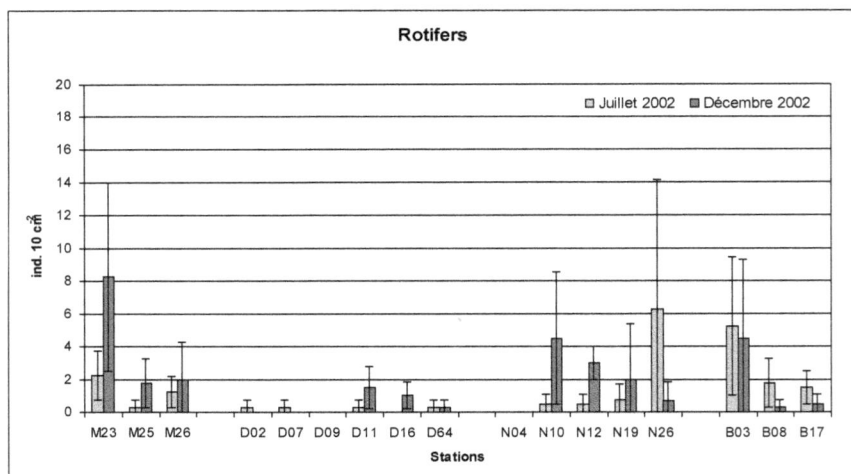

Figure 65 : Densités moyennes des Rotifères aux stations étudiées en juillet et en décembre 2002 dans le Lagon Sud-Ouest.

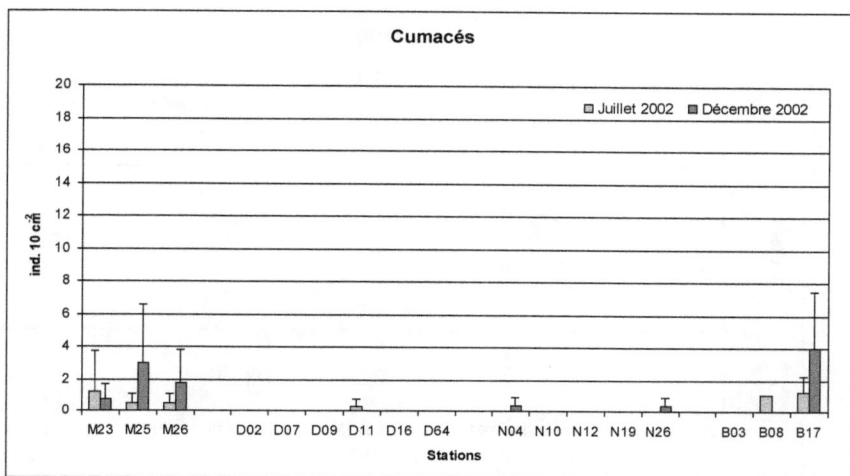

Figure 66 : Densités moyennes des Cumacés aux stations étudiées en juillet et en décembre 2002 dans le Lagon Sud-Ouest.

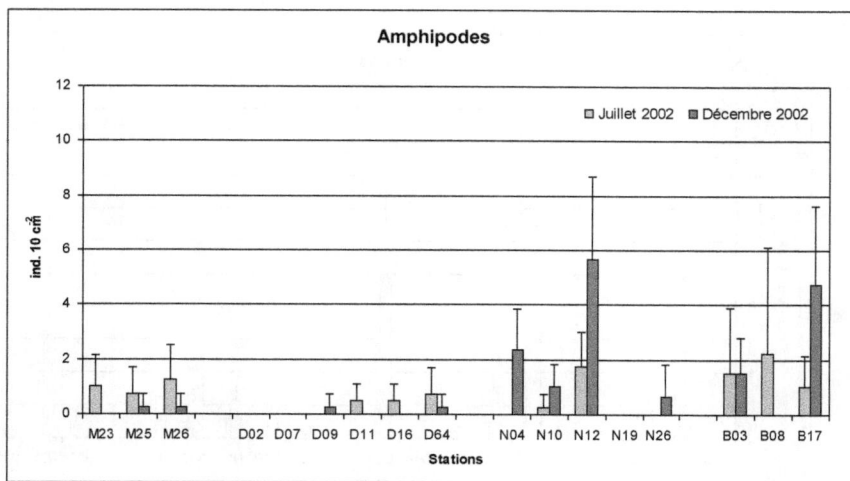

Figure 67 : Densités moyennes des Amphipodes aux stations étudiées en juillet et en décembre 2002 dans le Lagon Sud-Ouest.

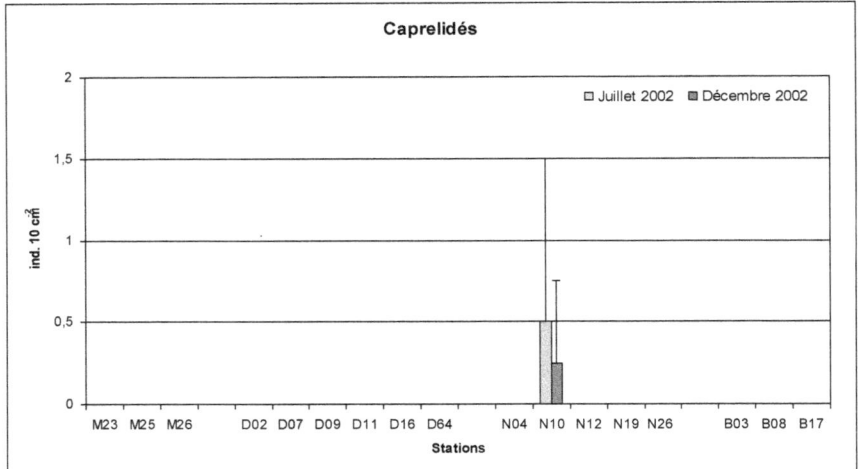

Figure 68 : Densités moyennes des Caprellidés aux stations étudiées en juillet et en décembre 2002 dans le Lagon Sud-Ouest.

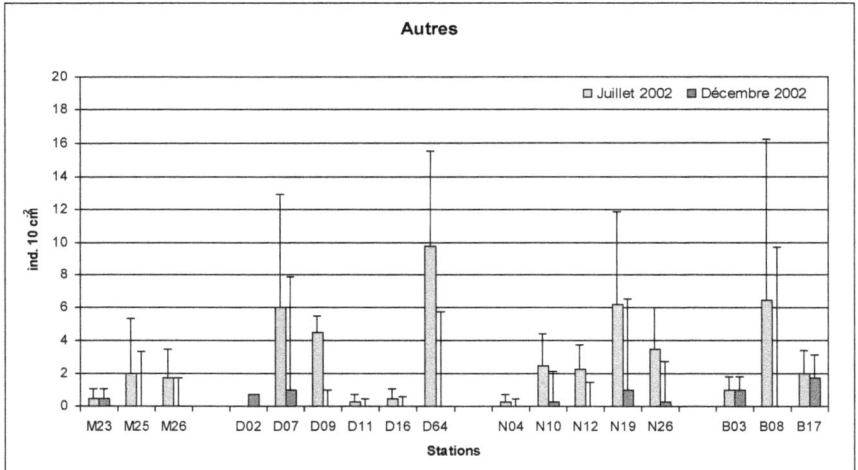

Figure 69 : Densités moyennes "des autres groupes de la méiofaune" aux stations étudiées en juillet et en décembre 2002 dans le Lagon Sud-Ouest.

IV.1.2.2- Contribution des principaux taxa

Les groupes taxonomiques les plus abondants sont les Nématodes, les Copépodes, les larves Nauplii et les Polychètes. Ensemble, ils représentent 79 à 95 % de la méiofaune totale des baies étudiées dans le Lagon Sud-Ouest de Nouvelle-Calédonie en juillet et en décembre 2002. Les Nématodes sont le groupe dominant pendant les deux périodes d'étude. Ils représentent 35 à 77,6% de la méiofaune totale, suivis par les Copépodes et par les Nauplii de Copépodes (3,4 à 55%), puis par les Polychètes (2,1 à 14%) (Fig. 70 et 71, Tableaux XV et XVI). Les Nématodes sont les plus abondants dans la Baie de Sainte-Marie, la Baie de Dumbéa et la Grande Rade, tandis que les Copépodes sont les plus abondants dans la Baie Maa (site de référence), pendant les deux périodes étudiées.

Les contributions des Nématodes et des Copépodes ne présentent pas de différence significative, ni entre les différentes les deux périodes d'étude (Test des rangs de Wilcoxon, Nématodes : p=0,88; Copépodes : p=0,56), ni entre les baies (Analyse de variance de Kruskal-Wallis, juillet et décembre : p>0,05 pour les Nématodes et les Copépodes) (Tableau XVII).

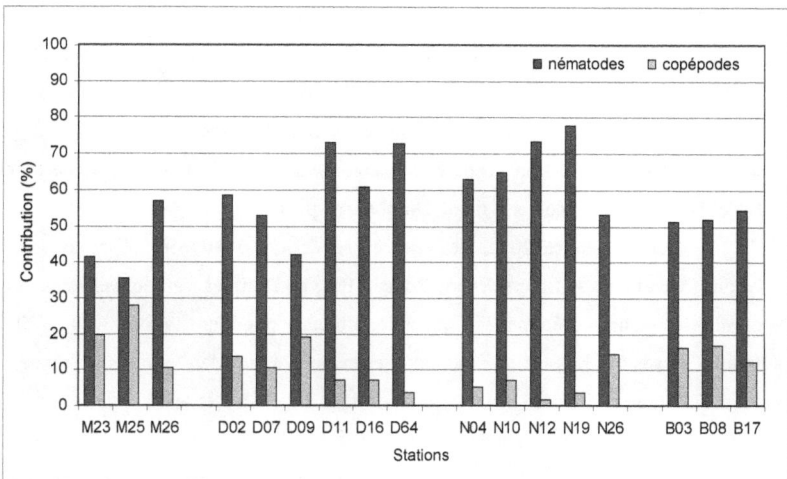

Figure 70 : Contributions relatives (% de la méiofaune totale) des Nématodes et des Copépodes aux stations étudiées en juillet 2002 dans le Lagon Sud-Ouest.

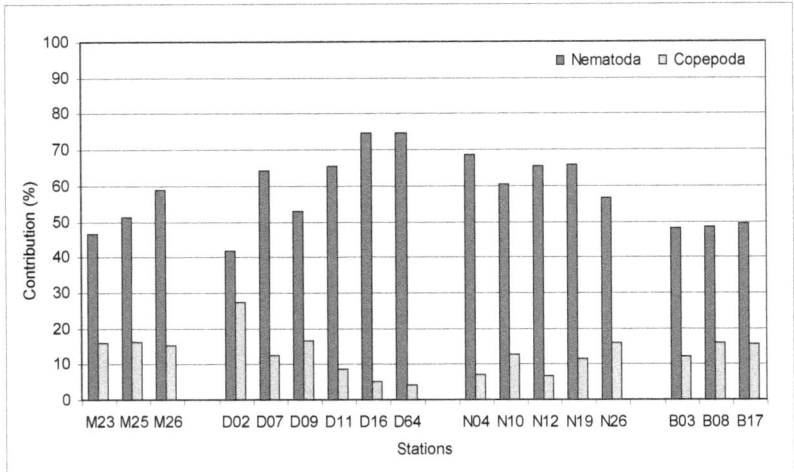

Figure 71 : Contributions relatives (% de la méiofaune totale) des Nématodes et des Copépodes aux stations étudiées en décembre 2002 dans le Lagon Sud-Ouest.

IV.1.2.3- Indice Nématodes/Copépodes

L'indice Nématodes/Copépodes varie de 1,26 à 51 en juillet 2002, et de 1,54 à 17 en décembre 2002 (Fig. 72, Tableau XVIII). Les indices les plus élevés sont observés dans la Baie de Sainte-Marie, la Baie de Dumbéa et la Grande Rade en juillet. À cette période, les indices supérieurs à 10 sont observés aux stations N04, N12 et N19 (Baie de Sainte-Marie), D11 et D64 (Grande Rade et Baie de Dumbéa, respectivement).

En décembre 2002, des indices supérieurs à 10 sont observés seulement aux stations D16 et D64 stations (Grande Rade et Baie de Dumbéa, respectivement). Pendant cette période, les indices Nématodes/Copépodes obtenus pour les stations N04, N12, N19 sont toujours élevés par rapport aux valeurs mesurées en Baie Maa (site de référence). Les baies moins enrichies en matière organique (comme la Baie Maa et la Baie de Boulari) présentent des indices inférieurs à 5,5 pendant toute la période d'étude.

Les indices Nématodes/Copépodes ne présent pas de différence significative entre juillet et décembre 2002 (Test des rangs de Wilcoxon, p=0,25), ni entre les différentes baies (Analyse de variance de Kruskal-Wallis, juillet : p=0,06, décembre : p=0,16) (Tableau XVII).

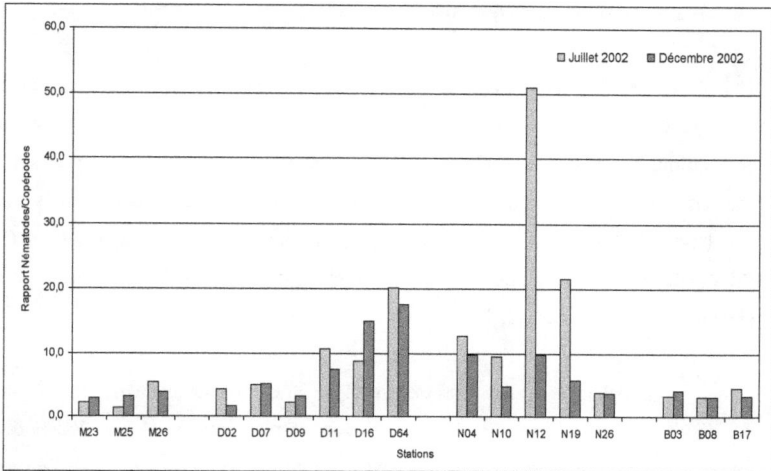

Figure 72- Indices Nématodes/Copépodes aux stations étudiées en juillet et en décembre 2002 dans le Lagon Sud-Ouest.

Tableau XVIII : Indices Nématodes/Copépodes calculés dans le Lagon Sud-Ouest.

Stations	Saison sèche	Saison humide
M23	2,12	2,93
M25	1,26	3,17
M26	5,50	3,87
D02	4,29	1,54
D07	5,03	5,23
D09	2,22	3,20
D11	10,69	7,55
D16	8,76	15,00
D64	20,13	17,55
N04	12,62	9,74
N10	9,44	4,79
N12	51,00	9,85
N19	21,64	5,73
N26	3,74	3,58
B03	3,16	4,01
B08	3,09	3,09
B17	4,51	3,21

IV.1.3- Interactions entre les variables environnementales et faunistiques

Les interactions entre les variables environnementales et la méiofaune sont mises en évidence au moyen des Analyses en Composantes Principales et des analyses de corrélation. Les résultats des Analyses en Composantes Principales portant sur les dix-sept stations et les seize variables environnementales et biologiques sont présentés aux figures 73 et 74 pour juillet et décembre 2002, respectivement. Ces deux Analyses en Composantes Principales conduisant à des résultats très largement similaires, la description qui va suivre ne concernera que juillet 2002.

Les deux premiers axes de l'Analyse en Composantes Principales conduite à partir des résultats obtenus en juillet 2002 expliquent respectivement 35,3 et 26,2% de la variance totale. Le premier axe est clairement associé aux concentrations en métaux. Le second est plus difficile à expliquer. Il oppose : (1) la méiofaune totale et la contribution des Copépodes à la contribution des Nématodes, (2) la quantité de matière organique (approchée par exemple par N et les AAT) et la qualité de cette matière (approchée par le rapport AAD/AAT), et enfin (3) deux groupes de métaux dont le premier (Cr, Mn, Co et Ni) est associé à l'érosion des sols miniers et le second (Zn, Cu et Pb) est associé aux apports urbains.

L'analyse de la distribution des stations des baies de Boulari et de Sainte Marie montre clairement l'existence de deux gradients. Les stations situées dans la Baie de Boulari présentent une forte décroissance de leurs concentrations en Cr, Mn, Co et Ni, ainsi que de leur rapport C/N au fur et à mesure que l'on s'éloigne de l'embouchure de la rivière La Coulée (station B03). Ce gradient correspond donc essentiellement à un enrichissement en métaux liés aux activités minières. Cette interprétation se trouve confortée par la position de la station D02 à proximité immédiate de ce gradient et qui résulte de sa localisation à proximité immédiate de l'usine de Doniambo. Les stations situées en baie Sainte Marie présentent : (1) une diminution des concentrations en matière organique, (2) une augmentation de la qualité de la matière organique, (3) une diminution des concentrations en Pb et dans une moindre mesure en Cu et en Zn, (4) une augmentation de la densité de la méiofaune, et enfin (5) une augmentation de la contribution des Copépodes au fur et à mesure que l'on se déplace de l'intérieur vers l'extérieur de cette baie. Ce gradient correspond donc par conséquent à un enrichissement en apports d'origine urbaine. Cet enrichissement est plus complexe car il concerne à la fois la matière organique et certains métaux (en particulier le Pb). Là encore l'interprétation de ce gradient se trouve confortée par le positionnement de la station D64 qui subit probablement un enrichissement en matière organique du fait de sa proximité d'une installation ostréicole et de certaines usines. Les stations de la Baie Maa sont clairement regroupées. Elles présentent un rapport AAD/AAT très élevé et de faibles concentrations en métaux. Ces trois stations présentent aussi les densités de la méiofaune totale et les contributions de Copépodes les plus élevées de toutes les stations étudiées. Elles sont situées à la base des deux gradients environnementaux décrits ci-dessus, ce qui renforce leur pertinence en tant que stations de référence.

L'analyse du positionnement des caractéristiques quantitatives et qualitatives de la méiofaune par rapport à ces deux gradients est particulièrement intéressante. Au contraire de la contribution des Nématodes, la densité totale de la méiofaune et la contribution des Copépodes sont clairement opposées au gradient d'enrichissement en apports urbains. Cette opposition se traduit notamment par les corrélations négatives entre la densité de la méiofaune totale et le plomb. Les caractéristiques de la méiofaune semblent par contre très largement indépendantes du gradient d'enrichissement des apports liés aux activités minières, comme indiqué par le positionnement quasiment orthogonal des variables méiofaune et copépodes d'une part et des variables Cr, Mn, Co et Ni, d'autre part. Un point particulièrement intéressant réside dans le fait que la densité de la méiofaune totale est positivement corrélée ($p=0,004$ et $p=0,003$ en juillet et en décembre 2002) avec la qualité de la matière organique et plutôt négativement corrélée ($p=0,04$ avec les AAT en décembre 2002) avec les caractéristiques quantitatives de cette dernière.

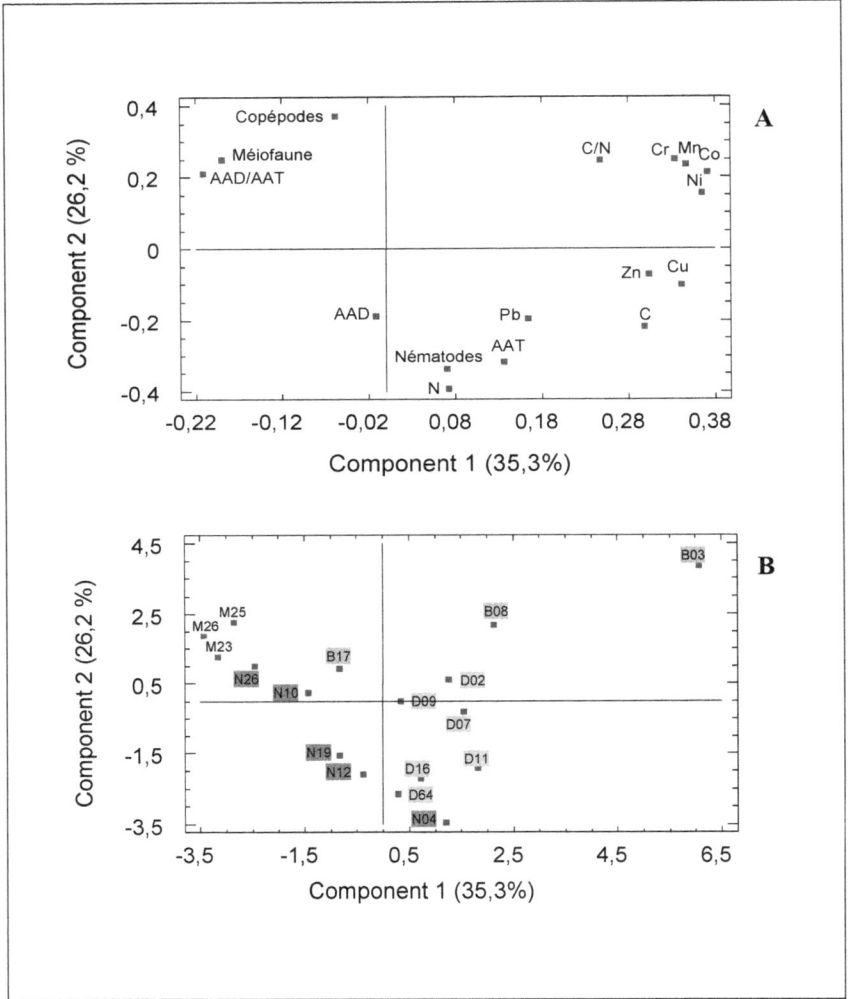

Figure 73 : Analyse en Composantes Principales basée sur les paramètres biologiques et environnementaux mesurés en juillet 2002. **A**- Projection des variables; **B**- Projection des stations. Métaux (Co, Cr, Cu, Mn, Ni, Zn, Pb), Carbone organique (C), Azote (N), acides aminés totaux (AAT) et disponibles (AAD), méiofaune (densité en nombre de ind. 10 cm^{-2}).

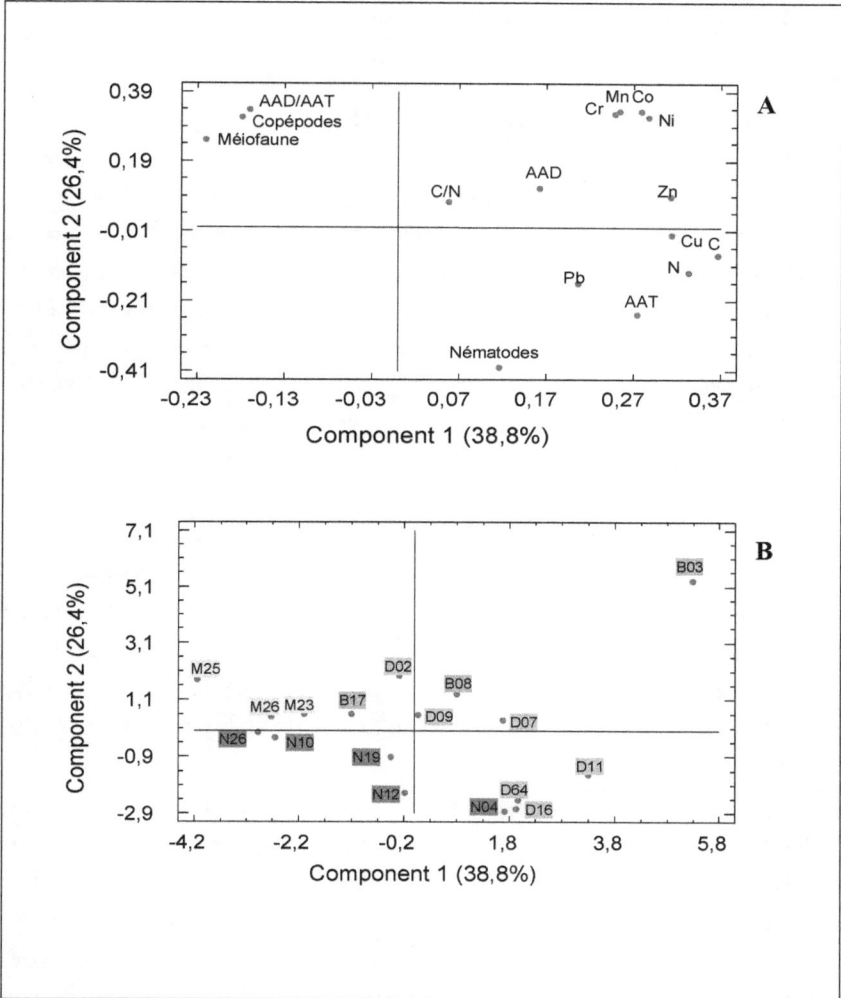

Figure 74 : Analyse en Composantes Principales basée sur les paramètres biologiques et environnementaux mesurés en décembre 2002. **A**- Projection des variables; **B**- Projection des stations. Métaux (Co, Cr, Cu, Mn, Ni, Zn, Pb), Carbone organique (C), Azote (N), acides aminés totaux (AAT) et disponibles (AAD), méiofaune (densité en nombre de ind. 10 cm^{-2}).

IV.2- Bioaccumulation des métaux dans les Nématodes

IV.2.1- Concentrations métalliques des Nématodes

Sept métaux sont mesurés dans les Nématodes des cinq stations étudiées : le Co, le Cr, le Ni, le Mn, le Zn, le Cu et le Pb (Tableau XIX). Parmi les sites étudiés, c'est dans la Baie de Boulari que les Nématodes contiennent les plus fortes concentrations en métaux, spécialement en Co, Cr, Mn et Ni, avec des concentrations supérieures à 1000 µg.g PS⁻¹. Vient ensuite la Grande Rade, avec de fortes concentrations métalliques, surtout en ce qui concerne le nickel (concentrations >1000 µg.g PS⁻¹). Les concentrations métalliques les plus faibles sont mesurées dans les baies Maa et de Sainte-Marie. Les proportions des métaux dans les Nématodes de chaque site étudié sont présentées à la figure 75.

Les concentrations en cobalt dans les Nématodes varient entre 12,68 µg.g PS⁻¹ et 1250,18 µg.g PS⁻¹. Les concentrations les plus faibles sont mesurées en Baie Maa (12,68 µg.g PS⁻¹), en Baie de Sainte-Marie (18,99 µg.g PS⁻¹) et en Baie de Dumbéa (40,33 µg.g PS⁻¹). Les concentrations les plus fortes sont mesurées dans la Grande Rade (200,91 µg.g PS⁻¹) et en Baie de Boulari 1250,18 µg.g PS⁻¹. Les concentrations en chrome varient entre 69,34 et 4345,76 µg.g PS⁻¹. La concentration en chrome est plus élevée dans les Nématodes de la Baie de Boulari que dans ceux de la Baie Maa.

Le nickel et le manganèse sont les métaux dont les concentrations sont les plus élevées, particulièrement en Baie de Boulari (Mn: 3778,82 µg.g PS⁻¹ et Ni : 8069,03 µg.g PS⁻¹). La concentration en nickel la plus faible est observée dans les Nématodes de la Baie Maa (136,02 µg.g PS⁻¹). Pour le Manganèse, la concentration la plus faible est observée dans les Nématodes de la Baie de Sainte-Marie (126,94 µg.g PS⁻¹). Les Nématodes de la Grande Rade montrent une forte concentration en nickel (2438,74 µg.g PS⁻¹), mais une concentration plus faible en Manganèse (395,98 µg.g PS⁻¹), que ceux de la Baie de Boulari. En Baie de Dumbéa, les concentrations en nickel et en manganèse sont égales à 391,09 et 223,01 µg.g PS⁻¹, respectivement.

La concentration en Zinc varie de 67,77 à 364,27 µg.g PS⁻¹. Le Zinc est plus concentré dans les Nématodes de la Baie de Boulari (364,27 µg.g PS⁻¹), puis dans ceux de la Grande Rade (320,70 µg.g PS⁻¹). Les concentrations les plus faibles en sont mesurées dans les Nématodes de la Baie de Sainte-Marie (67,77 µg.g PS⁻¹) et de la Baie Maa (73,74 µg.g PS⁻¹).

Les concentrations en Cuivre varient entre 17,78 et 59,08 µg.g PS^{-1}, et celles en Plomb entre 26,61 et 93,93 µg.g PS^{-1}. Les concentrations en Cuivre et en Plomb sont plus élevées dans les Nématodes de la Grande Rade, et plus faibles dans ceux de la Baie Maa et de la Baie de Sainte-Marie. En baies de Boulari et de Dumbéa, les concentrations en Plomb sont voisines de 40 µg.g PS^{-1}. Les concentrations en Cuivre sont quant à elles de 58,24 µg.g PS^{-1} (Boulari) et 27,88 µg.g PS^{-1} (Dumbéa).

Tableau XIX : Concentrations métalliques dans les Nématodes (µg.g PS^{-1}) du Lagon Sud-Ouest.

Sites d'étude	Co	Cr	Cu	Mn	Ni	Zn	Pb
Baie de Dumbéa	40,33	199,97	27,88	223,01	391,09	102,55	41,67
Grande Rade	200,91	420,09	59,08	395,98	2438,74	320,70	93,93
Baie de Boulari	1250,18	4345,76	58,24	3778,82	8069,03	364,27	42,02
Baie de Sainte-Marie	18,99	180,87	22,88	126,94	174,66	67,77	26,61
Baie Maa	12,68	69,34	17,78	155,38	136,02	73,74	28,41

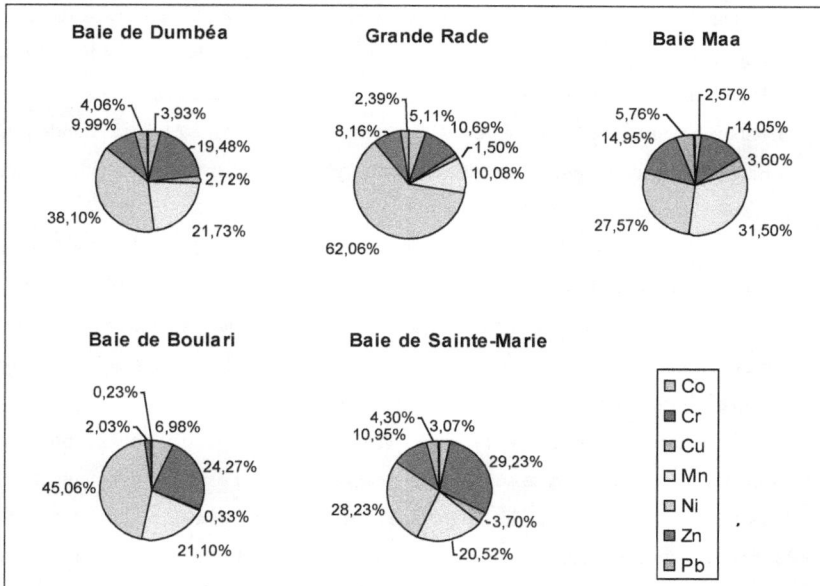

Figure 75 : Proportions des métaux dosés dans les nématodes du Lagon Sud-Ouest.

IV.2.2- Facteur de bioaccumulation (BSAF) en métaux pour les Nématodes

Le calcul permettant d'estimer le facteur de bioaccumulation (BSAF) en métaux pour les Nématodes utilisés dans cette étude est effectué à partir de la moyenne des concentrations en métaux du sédiment des deux périodes précédemment étudiées, car ces concentrations ne présentent pas une variabilité temporelle significative (Test des rangs de Wilcoxon, $p > 0,05$ pour l'ensemble des métaux étudiés) (Tableau XVII).

Les facteurs de bioaccumulation obtenus pour les sept métaux analysés sont en majorité supérieurs à 1, spécialement dans le cas du plomb, qui présente des facteurs très élevés en Baie Maa et en Baie de Boulari. Les BSAFs calculés pour les Nématodes de la Baie de Sainte-Marie sont inférieurs à 1 pour tous les métaux étudiés (Tableau XX).

Les Nématodes de la Baie Maa, de la Grande Rade et de la Baie de Boulari présentent des concentrations en cobalt supérieures à celles mesurées du sédiment. Le facteur de bioaccumulation le plus élevé pour ce métal est celui des Nématodes de la Baie de Boulari (BSAF= 2,98).

Les facteurs de bioaccumulation pour le chrome sont inférieurs à 1 dans les Baies Maa, Dumbéa et Sainte-Marie, tandis que dans la Grande Rade et la Baie de Boulari ces facteurs sont égaux ou légèrement supérieurs à 1. Ces valeurs indiquent que les Nématodes de la Baie Maa, Baie de Dumbéa et Baie de Sainte-Marie présentent une concentration en métaux inférieure à celles du sédiment. Au contraire, les Nématodes de la Grande Rade et de la Baie de Boulari présentent des concentrations plus élevées en métaux que les sédiments de ces deux baies.

Les facteurs de bioaccumulation en cuivre sont supérieurs à 1 dans tous les sites étudiés à l'exception de la Baie de Sainte-Marie, où le BSAF est égal à 0,92. Ceci indique que les Nématodes de cette baie concentrent moins le cuivre que le sédiment. Par contre, les Nématodes de la baie Maa, de la Grande Rade, et des baies de Dumbéa et Boulari présentent des concentrations en cuivre plus élevées que les sédiments.

Les Nématodes de la Baie Maa et de la Baie de Boulari présentent des concentrations en manganèse supérieures à celles observées dans les sédiments de ces deux baies (BSAF > 1), alors que les Nématodes des baies de Dumbéa, Grande Rade et Sainte-Marie, accumulent moins de manganèse que les sédiments (BSAF < 1). Les facteurs de bioaccumulation en manganèse de la Baie de Dumbéa et de la Baie de Sainte-Marie sont très faibles. Ils sont parmi les plus faibles de ceux mesurés pour les Nématodes des sites étudiés.

Le facteur de bioaccumulation du nickel est inférieur à 1 dans tous les sites étudiés à l'exception de la Baie de Boulari où il est égal à 1,31. Ceci indique que les Nématodes de la Baie de Boulari concentrent plus le nickel que le sédiment, et même davantage que les Nématodes des autres sites étudiés. Les facteurs de bioaccumulation les plus faibles sont observés pour les Nématodes de la Baie de Dumbéa et la Baie de Sainte-Marie (BSAF= 0,44 et 0,51, respectivement).

Le facteur de bioaccumulation du zinc est supérieur à 1 dans tous les sites étudiés, à l'exception de la Baie de Sainte-Marie, où il est égal à 0,67. Le facteur de bioaccumulation en zinc le plus fort est celui de la Baie Maa (BSAF=3,26), suivi par ceux de la Baie de Boulari (1,88), de la Grande Rade (1,53) et de la Baie de Dumbéa (1,20). Ces facteurs indiquent que les Nématodes de la Baie Maa concentrent plus le zinc que le sédiment et que les Nématodes des autres sites étudiés.

Comme pour le zinc, les facteurs de bioaccumulation du plomb sont plus élevés dans les Nématodes de la Baie Maa, où ils présentent un facteur largement supérieur à 1 (BSAF=10,88), le plus élevé de tous les métaux et de tous les sites étudiés. Des facteurs très élevés sont aussi observés dans les Nématodes des baies de Boulari et de Dumbéa (BSAF= 6, 07 et 3,43, respectivement), suivis par celui de la Grande Rade qui est égal à 1,41. Ces facteurs indiquent que les Nématodes des baies Maa, de Boulari et de Dumbéa concentrent plus le plomb que le sédiment de ces baies. Le BSAF est moins élevé dans la Baie de Sainte-Marie (0,70), ce qui indique que les Nématodes de cette baie concentrent moins le plomb que le sédiment.

De manière générale, et à l'exception du plomb et du cuivre, les concentrations des métaux dans le sédiment et dans les Nématodes sont significativement corrélées (Annexe III). Les coefficients de corrélations les plus élevés sont ceux du manganèse, du nickel, du chrome et du cobalt, suivis par celui du zinc. Les coefficients de corrélation du plomb et du cuivre sont plus faibles que pour les autres métaux.

Tableau XX : Moyenne des concentrations en métaux dans le sédiment, des concentrations dans les Nématodes et facteurs de bioaccumulation (BSAF) pour chaque site étudié du Lagon Sud-Ouest de la Nouvelle-Calédonie.

Stations	Co	Cr	Cu	Mn	Ni	Zn	Pb
Sédiment (station)							
Baie Maa (M23)	9,62	107,41	5,79	117,09	169,75	22,63	2,61
Grande Rade (D02)	109,60	416,54	23,29	508,11	3186,05	209,65	66,47
Baie de Dumbéa (D64)	57,13	508,50	10,70	515,03	879,11	85,34	12,14
Baie de Sainte-Marie (N04)	21,96	229,55	24,97	267,74	339,32	101,03	38,00
Baie de Boulari (B03)	419,68	4346,58	27,64	2680,22	6172,21	193,98	6,92
Biomasse des Nématodes							
Baie Maa	12,68	69,34	17,78	155,38	136,02	73,74	28,41
Grande Rade	200,91	420,09	59,08	395,98	2438,74	320,70	93,93
Baie de Dumbéa	40,33	199,97	27,88	223,01	391,09	102,55	41,67
Baie de Sainte-Marie	18,99	180,87	22,88	126,94	174,66	67,77	26,61
Baie de Boulari	1250,18	4345,76	58,24	3778,82	8069,03	364,27	42,02
Facteur de Bioaccumulation	**Co**	**Cr**	**Cu**	**Mn**	**Ni**	**Zn**	**Pb**
Baie Maa	1,32	0,65	3,07	1,33	0,80	3,26	10,88
Grande Rade	1,83	1,01	2,54	0,78	0,77	1,53	1,41
Baie de Dumbéa	0,71	0,39	2,61	0,43	0,44	1,20	3,43
Baie de Sainte-Marie	0,86	0,79	0,92	0,47	0,51	0,67	0,70
Baie de Boulari	2,98	1,00	2,11	1,41	1,31	1,88	6,07

V- DISCUSSION GÉNÉRALE

V.1- Comparaison avec les données de la littérature

Les teneurs en carbone organique et en azote des sédiments mesurées lors de la présente étude, peuvent être comparées avec celles obtenues par Grenz *et al.* (2003) dans les Baies de Dumbéa et de Sainte-Marie pendant la saison sèche de 2001. Les concentrations des sédiments en carbone organique mesurées par ces auteurs sont comprises entre 0,5 et 2 % PS pour le carbone organique et entre 0,03 et 0,17 % PS pour l'azote, contre entre 0,53 et 1,18% PS pour le carbone organique et entre 0,07 et 0,17 % PS pour l'azote pendant la présente étude. La principale différence entre ces deux études tient donc aux faibles concentrations en carbone lors de la présente étude. Elle peut être en partie expliquée par l'utilisation de protocoles de décarbonatation différents. Cette étape s'avère en effet particulièrement importante dans le cas des sédiments très riches en carbonates comme ceux du Lagon Sud-Ouest. Bien que faibles, les contenus en azote mesurés lors de la présente étude sont très significativement corrélés avec les concentrations en acides aminés totaux ($r=0,72$, $p=0,04$ pour juillet 2002, et $r=0,89$, $p<0,001$ pour décembre 2002). De plus ces relations ne diffèrent pas significativement entre juillet et décembre 2002 (ANCOVA $p=0,285$ pour les ordonnés à l'origine et $p=0,358$ pour les pentes). Ceci suggère que l'azote a été correctement dosé au cours de ce travail (Annexe I : Fig.76).

Les rapports C/N sont fréquemment utilisés comme indicateurs des sources de la matière organique. Selon Premuzic *et al.* (1982), des rapports inférieurs à 8 suggèrent la présence d'une matière organique d'origine marine, tandis que ceux supérieurs à 8 indiquent plutôt un apport d'origine terrestre. Les rapports C/N mesurés lors de la présente étude sont compris entre 5,4 et 15, avec une moyenne de 8,3 en juillet 2002, et de 8,2 en décembre 2002. Des rapports supérieurs à 14 sont uniquement observés aux stations B03 et B08 (Baie de Boulari) en juillet 2002. Des rapports supérieurs à 10 sont observés en décembre 2002 dans la Grande Rade (D09) et dans la Baie de Sainte-Marie (N10). Les rapports C/N mesurés au cours de la présente étude sont voisins de ceux obtenus par Grenz *et al.* (2003) (entre 6 et 15) à des stations côtières du Lagon Sud-Ouest en août 2001. Ils sont par contre moins élevés que ceux mesurés par Clavier *et al.* (1995) (19 et 30) sur des échantillons de matière organique sédimentée prélevés à différentes stations du Lagon Sud-Ouest pendant la période allant de mai 1986 à avril 1987. De manière générale, les rapports mesurés dans les baies Maa, de Sainte-Marie, de Boulari, de Dumbéa et de la Grande Rade, suggèrent la prédominance d'une matière organique d'origine probablement terrigène, comme l'ont déjà observé Clavier *et al.* (1995) et Bujan *et al.* (2000). Les rapports légèrement plus élevés dans les baies Maa, de la Grande Rade et de Sainte-Marie en décembre 2002 (début de la saison humide) suggèrent l'influence d'apports terrestres pendant cette période.

Selon Alongi (1989 & 1990), la biomasse microphytobenthique des régions voisines de mangroves et des zones coralliennes est inférieure à 5 µg Chl$a$.g^{-1} PS. Cette affirmation est globalement en accord avec les concentrations en Chl$a$ mesurées lors de la présente étude qui sont comprises entre 0,5 et 9,40 µg Chl$a$.g^{-1} PS (avec des moyennes de 2,82 µg Chl$a$.g^{-1} PS en juillet 2002, et de 3,45 µg Chl$a$.g^{-1} PS en décembre 2002). Les concentrations en chlorophylle *a* mesurées lors de la présente étude peuvent être plus spécifiquement comparées à celle obtenues par Garrigue & Di Mateo (1991). Ces auteurs ont en particulier échantillonné quatre stations très proches de quatre de mes propres stations. Les résultats correspondants sont donnés au Tableau XXI. De manière générale, les concentrations obtenues par Garrigue & Di Mateo semblent légèrement plus élevées que celles obtenues lors de la présente étude. La différence la plus importante concerne la station D07 où les concentrations que j'ai mesurées sont comprises entre 17,02 et 25,3 mg.m^{-2}, contre 42,68 mg.m^{-2} pour Garrigue & Di Mateo (1991). Les différences entre les deux études n'étant pas systématiques, elles ne résultent probablement pas de différences dans les méthodes mises en œuvre, mais traduisent plutôt probablement l'hétérogénéité naturelle du milieu.

Tableau XXI : Comparaison entre les concentrations en Chlorophylle *a* (mg.m^{-2}) dosées dans le sédiment du Lagon Sud-Ouest pendant la présente étude et les données de la littérature.

Stations		Concentrations en Chl *a*	
Présente étude	Garrigue & Di Mateo (1991)	Présente étude	Garrigue & Di Mateo (1991)
B03	61	26,87 – 28,99	34,23
B17	59	11,93 – 17,81	22,75
M25	21	31,94 – 50,93	39,06
D07	24	17,02 – 25,3	42,68

Avant la présente étude, il n'existait aucune donnée relative aux contenus des sédiments du Lagon Sud-Ouest en acides aminés totaux (AAT) et en acides aminés disponibles (AAD). A notre connaissance, aucune donnée de ce type n'est de plus disponible pour les régions tropicales. Il n'existe donc pas de données de référence directement comparables à celles obtenues lors de la présente étude. Nous avons par conséquent limité l'exercice de comparaison avec les données disponibles pour les sédiments du Golfe du Lion (David, 2003). Les concentrations mesurées lors de la présente étude varient entre 16,18 et 50,08 nmoles mg PS^{-1} pour les AAT, et entre 2,29 et 7,70 nmoles mg PS^{-1} pour les AAD. Les contenus en AAT sont nettement supérieurs à ceux décrits par David (2003) pour les sédiments vaseux du Golfe du Lion. Les concentrations en AAD sont par contre du même ordre de grandeur que celles mesurées par David (2003). Les rapports AAD/AAT sont plus faibles que ceux calculés par David (2003) pour les zones peu profondes du Golfe du Lion (entre 17 et 30%). Une telle différence est cohérente avec l'importance des apports de matériel réfractaire d'origine terrigène dans le Lagon Sud-Ouest (Clavier *et al.*, 1995; Bujan *et al.*, 2000).

Les concentrations en métaux mesurées lors de la présente étude peuvent être comparées avec celles obtenues par Launay (1972) et Ambastian *et al.* (1997). Ces auteurs ont uniquement travaillé dans la Baie de Dumbéa. La comparaison de leurs valeurs avec celles enregistrées dans cette même baie lors de la présente étude est présentée dans le Tableau XXII. De manière générale, les valeurs et les intervalles des valeurs obtenues s'avèrent très proches. La différence la plus importante est liée à la concentration maximale en nickel mesurée lors de la présente étude. Cette valeur a été enregistrée à la station D07 qui est située dans la Grande Rade, précisément en face du chenal de décharge de l'usine métallurgique de Doniambo et qui est également très proche de son port. Cette station reçoit d'importants rejets provenant à la fois de la décharge des effluents de l'usine métallurgique et de la latérite déposée à proximité. Selon Carey (1981), ceci explique la forte concentration en nickel des sédiments à cette station qui n'a été échantillonnée ni par Launay (1972), ni par Ambastian *et al.* (1997).

Tableau XXII : Comparaison des concentrations en métaux mesurés pendant la présente étude et les données de la littérature.

Métaux	Présente étude (μg.g PS^{-1})	Launay (1972) (μg.g PS^{-1})	Ambatsian *et al.* (1997) (μg.g PS^{-1})
Cobalt	31,4 – 98,2	7 - 375	74
Chrome	224,5 – 401,1	300 - >2250	781
Cuivre	7,1 – 24,9	<7 – 7,5	16
Manganèse	221,3 – 403,2	263 - 750	440
Nickel	574 – 2852,7	75 - 1500	1121
Zinc	55,6 – 180,6	<75 - 112	97
Plomb	7,9 – 52,3	<7 - 22	-

La densité et la composition de la méiofaune observées lors de la présente étude sont très similaires à celles décrites par Salvat (1964 & 1965), Clavier *et al.* (1990) et Boucher & Clavier (1990). La densité moyenne de la méiofaune totale mesurée par ces derniers auteurs (1224 ind.10cm^{-2}) sur les fonds vaseux de la Baie Maa et de la Baie de Dumbéa est très voisine de celle enregistrée dans la même région (1444 ind.10cm^{-2}) lors de la présente étude. Alongi & Christoffersen (1992) ont par ailleurs mesuré des densités de méiofaune totale comprise entre 295 et 1568 ind.10 cm^{-2} (moyenne de 715 ind.10 cm^{-2}) dans la région de Missionary Bay (Nord du Queensland, Australie). Cette région est assez similaire aux baies de Boulari et de Dumbéa, où la densité de la méiofaune totale varie entre 542 et 2117 ind.10 cm^{-2} (moyenne de 1258 ind.10 cm^{-2}).

Les Nématodes constituent clairement le taxon dominant comme déjà décrit par Boucher & Clavier (1990). Leur contribution à la méiofaune totale est plus importante dans les baies enrichies en matière organique alors que celle des Copépodes est plus faible dans ces mêmes baies. Cette observation est en accord avec les données de la littérature. De manière générale, les Copépodes sont connus pour être plus sensibles que les Nématodes à l'enrichissement organique (Van Damme *et al.* 1984; Gee *et al.* 1985; Warwick *et al.* 1988). Les Nématodes peuvent par contre s'avérer plus sensibles que les Copépodes à une contamination par les métaux, comme signalé par Somerfield *et al.* (1994 a & b) dans deux études concernant la communauté des Nématodes de Restronguet Creek (Royaume-Uni). Ces auteurs attribuent cette sensibilité au fait que les nématodes restent toujours étroitement associés au sédiment alors que les Copépodes englobent de nombreuses espèces épibenthiques. Selon Raffaelli & Mason (1981), l'indice Nématodes/Copépodes permet d'évaluer la pollution organique dans des environnements marins. Il semble néanmoins que cet indice soit également sensible à d'autres paramètres (i.e., la granulométrie) (Raffaelli & Mason, 1981; Warwick, 1981; Raffaeli, 1987). Dans le Lagon Sud-Ouest, une telle influence est néanmoins peu probable car la fraction granulométrique prédominante est toujours inférieure à 63 µm et le D(0,5) ne présente pas de variabilité significative ni entre les périodes d'étude ni entre les baies (Tableau XVII).

V.2- Variabilité temporelle des facteurs environnementaux et de la méiofaune

Une des principales caractéristiques des zones tropicales est l'alternance entre saison sèche et saison humide. En Nouvelle Calédonie, cette caractéristique se traduit par des différences importantes des débits des fleuves côtiers. Pendant la saison sèche, ces débits sont en général inférieurs à 5 $m^3.s^{-1}$ alors qu'ils peuvent atteindre 500 $m^3.s^{-1}$ pendant la saison humide (Bujan *et al.*, 2000). La saison humide est également caractérisée par des vents forts et fréquents (Bujan, 2000) qui favorisent la remise en suspension des particules sédimentaires (Clavier *et al.*, 1995). Sur le Lagon Sud-Ouest, ces variations climatiques expliquent les augmentations de la concentration de matière particulaire en suspension et du taux de sédimentation pendant la saison humide. Selon Clavier *et al.* (1995), ces paramètres sont environ trois fois supérieurs à ceux mesurés pendant la saison sèche. Les concentrations en matériel en suspension et les taux de sédimentation les plus élevés sont associés aux fortes précipitations engendrées par les dépressions tropicales (Clavier *et al.*, 1995). Selon Bujan *et al.* (2000), la durée de l'impact de ces évènements ne dépasse pas deux semaines.

Du fait de l'arrivée tardive du pic de précipitations durant la saison humide de 2002, l'échantillonnage de décembre 2002 n'a pas été réellement réalisé pendant la pleine saison humide, mais seulement en son début. Cet échantillonnage a en effet précédé les fortes précipitations qui sont intervenues en janvier 2003. Ceci peut par exemple expliquer l'absence de différence significative de la turbidité observée en juillet et en décembre 2002. Il faut par conséquent souligner que : (1) les résultats de la présente étude sont uniquement représentatifs des changements intervenus entre juillet 2002 (saison sèche) et décembre 2002 (début de la saison humide), et (2) l'impact d'apports terrigènes épisodiques plus importants sur l'écosystème benthique du Lagon Sud-Ouest pendant la saison humide reste encore à étudier.

Parmi les caractéristiques biochimiques du sédiment mesurées lors de la présente étude, seuls les contenus en Phaeo*a* et en acides aminés disponibles (AAD), ainsi que les rapports AAD/AAT et Pheo*a*/Chl*a* montrent des v ariations saisonnières significatives. La Phéophytine *a* et les AAD sont tous les deux associés aux composantes labiles de la matière organique, tandis que les rapports AAD/AAT et Pheo*a*/Chl*a* constituent des indices de la labilité de cette matière (Grémare *et al.*, 2003; David, 2003). Les variations temporelles des caractéristiques biochimiques du sédiment superficiel sont donc principalement associées à la fraction labile de la matière organique sédimentée. Elles indiquent une valeur nutritive plus élevée en juillet 2002 qu'en décembre 2002. Ces résultats sont cohérents avec ceux de Charles *et al.* (*Sous-presse*) qui ont comparé les effets de trois tempêtes hivernales d'intensités différentes sur les caractéristiques de la matière organique particulaire en Baie de Banyuls-sur-Mer (Méditerranée Nord-Occidentale). Ces auteurs ont en effet démontré une diminution de la valeur nutritive de la matière organique en cours de sédimentation sous l'effet du processus de remise en suspension. De même, les changements temporels des caractéristiques biochimiques de la matière organique sédimentaire observés lors de la présente étude ne sont probablement pas directement liés à l'augmentation des apports terrigènes pendant le début de la saison humide (décembre 2002).

Ainsi, en Baie de Boulari qui est caractérisée par des apports terrigènes importants, non seulement le rapport C/N n'a-t-il pas augmenté, mais il a bel et bien diminué entre juillet 2002 (14,4 à la station B03) et décembre 2002 (9,1 à la station B03). Clavier *et al.* (1995) estiment que, dans le Lagon Sud-Ouest, 80 % du matériel récolté dans les pièges à sédiment sont issus du processus de remise en suspension. Selon ces auteurs, les apports terrigènes sont transitoirement déposés dans les régions peu profondes puis rapidement remis en suspension et dispersés sous l'action de la marée et des coups de vents (Douillet *et al.*, 2001). Ce processus d'homogénéisation s'accentue probablement dès le début de la saison humide (décembre 2002) comme cela est suggéré par l'absence de différences significatives des principales caractéristiques qualitatives (i.e., AAD/AAT et C/N) du sédiment de surface entre les différentes baies contrairement à ce qui est observé en juillet 2002.

La présente étude apporte également des informations sur les variations temporelles des concentrations en métaux dans le sédiment. Ces variations ne sont significatives pour aucun des métaux dosés. Lorsque les stations étudiées sont considérées séparément, la plus grande différence est observée à la station B03 qui est située en face de l'embouchure de la rivière La Coulée. On y observe une légère augmentation de la concentration en Chrome et en Nickel en décembre 2002 (début de la saison humide). Cette augmentation est en accord avec le fait que les apports terrigènes constituent la voie privilégiée d'introduction de ces métaux dans le Lagon Sud-Ouest (Launay, 1972; Carey, 1981; Ambastian *et al.*, 1997). Là encore, l'absence de différence significative entre les concentrations en métaux mesurées en juillet et en décembre 2002 est sans doute due au fait que l'échantillonnage de décembre a eu lieu au début de la saison humide. En ce sens, il serait très intéressant de réaliser une comparaison avec des mesures effectuées un peu plus tard dans cette même saison.

Comme pour la grande majorité des caractéristiques biochimiques et les concentrations en métaux, la méiofaune ne présente pas de variations temporelles significatives, et ceci que ce soit pour le nombre de taxa majeurs, la densité totale ou les contributions des Nématodes et des Copépodes. Dans les régions tropicales et sub-tropicales, la densité de la méiofaune est en général plus élevée pendant la saison sèche (Day *et al.*, 1989). Ansari & Parulekar (1993) ont observé que les moussons tropicales sont susceptibles de contrôler les communautés de Copépodes Harpacticoïdes dans la région de l'estuaire de la rivière Mandovi (Côte Centre-Ouest de l'Inde). Ces auteurs soulignent que le début de la mousson de Sud-Ouest et le cycle saisonnier des facteurs biotiques et abiotiques ont un rôle régulateur prépondérant sur la méiofaune dans les régions estuariennes tropicales. Krishnamurthy *et al.* (1984) observent également que la majorité des communautés méiobenthiques souffrent d'une mortalité en masse causée par les pluies tropicales. C'est pourquoi une étude complémentaire basée sur un échantillonnage de la méiofaune avant et après le pic de précipitations de la saison humide pourrait certainement fournir des éléments utiles pour évaluer les changements saisonniers de la méiofaune du Lagon Sud-Ouest.

V.3- Variabilité spatiale des métaux et interactions entre paramètres

V.3.1- Variabilité spatiale des métaux et niveaux de pollution des sites

De manière générale, la variabilité spatiale et les interactions entre paramètres mis en évidence lors de la présente étude sont pratiquement identiques en juillet et décembre 2002. La principale différence entre ces deux périodes est l'apparition d'un gradient spatial en Baie de Dumbéa et dans la Grande Rade en décembre 2002 (début de saison humide). En fait, ce gradient résulte probablement d'un dragage des stations D02 et D09 entre les deux échantillonnages. Il peut donc être considéré comme un artefact.

Les résultats de l'analyse en Composantes Principales permettent d'identifier clairement deux groupes de métaux. Le **groupe 1** est composé par le Chrome, le Manganèse, le Cobalt et le Nickel. Ces métaux proviennent de l'érosion des sols situés au voisinage des anciens sites miniers, ce qui est cohérent avec le fait que leurs concentrations maximales sont enregistrées à la station B03 à proximité immédiate de la rivière La Coulée. Le **groupe 2** est composé par le Zinc, le Cuivre et Plomb. Ces métaux proviennent des activités humaines (plutôt d'origine urbaine et industrielle) comme les produits de peinture, les fonderies, la corrosion de produits métalliques (Cu et Zn), les batteries et les émissions des automobiles (Pb) (Kennish, 1992). Le cuivre et le plomb sont principalement associés à la matière organique (Geffard, 2001). Les concentrations des métaux du groupe 2 sont généralement plus élevées dans la Grande Rade et la Baie de Sainte-Marie. Elles sont corrélées positivement avec la teneur en matière organique. De telles relations ont été déjà signalées par Bryan et Langston (1992), Geffard (2001) et Rzeznik-Originac *et al.* (2003). Selon ces auteurs, ces métaux sont fréquemment liés à la matière organique du sédiment. Leurs variations de concentration peuvent par conséquent être attribuées aux fluctuations du pool de matière organique.

Les stations de la Baie Maa sont caractérisées par un faible contenu organique et une faible concentration en métaux, ce qui est en accord avec la localisation de cette baie, à l'ouest de la Baie de Dumbéa, éloignée des sources terrigènes et des apports anthropiques. La station D64, dans la Baie de Koutio-Koueta, est caractérisée par un fort contenu organique et de faibles concentrations en métaux par rapport aux autres baies étudiées. Le contenu organique élevé est peut être dû à la proximité d'une installation ostréicole située au fond de cette baie, mais aussi des agglomérations urbaines et industrielles situées à proximité (la zone industrielle de Ducos et le quartier résidentiel de la Rivière Salé). Les stations de la Grande Rade sont caractérisées par de fortes concentrations en métaux, qui s'expliquent par la proximité du port de l'usine de Doniambo et du port autonome de Nouméa. Le contenu organique est plutôt faible, excepté aux stations D16 et D11, situées à proximité immédiate des quartiers de Numbo et Ducos. Les stations de la Baie de Sainte-Marie sont caractérisées par un gradient marqué du contenu en matière organique, depuis l'intérieur vers l'extérieur de la Baie. Ce gradient reflète bien la dilution des principales sources de matière organique, provenant principalement des effluents des eaux usées qui se déversent à proximité de la station N04. Ce gradient est observé aussi pour les concentrations en métaux. Les stations de la Baie de Boulari sont caractérisées par un gradient allant de la côte vers le large des concentrations en Ni, Cr, Mn et Co. Il n'existe par contre pas de gradient des contributions en matière organique. Cette tendance reflète la distance des stations d'échantillonnage par rapport l'embouchure de la rivière La Coulée, qui comme je l'ai indiqué plus haut, constitue la principale source de contamination par les métaux de la région, à partir du drainage des sols, et plus particulièrement des anciens sites miniers (Bird *et al.*, 1984). Les concentrations en plomb et en cuivre sont très faibles dans la Baie de Boulari.

Les concentrations en Ni, Cr, Zn, Cu et Pb mesurées lors de la présente étude peuvent être comparées aux concentrations métalliques "critères" du Guide pour la Qualité des Sédiments (SQGs- Sediment Quality Guidelines) édité par la NOAA (1999), qui est lui même basé sur l'étude réalisée par Long *et al.* (1995) pour les sédiments marins et estuariens (Tableau XXIII).

Ce guide a été actualisé à partir de la base de données des seuils des concentrations des métaux induisant des effets biologiques nocifs dans le sédiment (BEDS), elle-même développée à partir de nombreuses études réalisées en Amérique Nord. Ces critères sont calculés pour 9 métaux trace (l'As, le Cd, le Cr, le Cu, le Pb, le Hg, le Ni, l'Ag et le Zn). Ainsi, à partir du pourcentage de la distribution de ces données sur les effets nocifs, le 10ème percentile et le 50ème percentile (moyenne) de la base de données BEDS sont identifiés pour chaque élément. La 10ème valeur percentile est définie comme **ERL** (*Effects Range-Low*), **Niveau d'effets-valeur faible**. Le 50ème percentile est nommé **ERM** (*Effects Range-Median*), **Niveau d'effets-valeur médiane** (Long *et al.* 1995). La détermination du pourcentage d'incidence d'effets biologiques nocifs est définie à trois intervalles de concentrations. Les concentrations **inférieures à la valeur critère ERL** représentent un niveau d'effets minimum, indiquant des concentrations où les effets nocifs sont rarement observés. Les concentrations **égales ou supérieures à l' ERL, mais inférieures à la valeur critère ERM**, représentent un niveau d'effets possibles, pour lesquels les effets nocifs se produisent occasionnellement. Les concentrations **égales ou supérieures à la valeur critère ERM** représentent un niveau d'effets probables pour lesquels les effets nocifs interviennent fréquemment. Les pourcentages d'incidences des effets nocifs de chaque niveau sont quantifiés en divisant le nombre d'études dans lesquelles les effets biologiques sont observés, par le nombre total d'études faisant intervenir des concentrations dans l'intervalle de concentrations considéré (Tableau XXIII) (Long *et al.*, 1995). Les pourcentages d'incidence sont inférieurs à 10%, quand les concentrations en métaux sont inférieures à l'ERL. Ils sont compris entre 11 et 47 % pour la majorité des métaux quand les concentrations sont comprises entre l'ERL, et l'ERM. Les pourcentages d'incidence sont enfin compris entre 16 et 95% lorsque les concentrations sont supérieures à l'ERM (Long *et al.*, 1995).

Tableau XXIII : Critères ERL et ERM pour les métaux trace ($\mu g.g\ PS^{-1}$) et pourcentages d'incidence des effets biologiques observés dans l'intervalle défini pour les deux valeurs du critère (d'après Long *et al.*, 1995). ERL (Effect Range-Low) = Niveau d'effets-valeur faible (NEF); ERM (Effect Range-Median) = Niveau d'effets-valeur médiane (NEM).

Métaux	Critères		Pourcentage d'incidence des effets *		
	ERL	ERM	<ERL	ERL-ERM	>ERM
Chrome	81,0	370,0	2,9	21,1	95,0
Cuivre	34	270	9,4	29,1	83,7
Plomb	46,7	218	8	35,8	90,2
Nickel	20,9	51,6	1,9	16,7	16,9
Zinc	150	410	6,1	47	69,8

* Le nombre de données saisies dans chaque niveau de concentration dans laquelle des effets biologiques ont été observés, divisé par le nombre total d'entrées dans chaque niveau.

Les concentrations en nickel que j'ai mesurées au cours de la présente étude, sont supérieures à la valeur ERM dans le sédiment de toutes les baies étudiées. Le chrome a une valeur supérieure à la valeur ERM dans la Baie de Boulari et la Grande Rade, et plus particulièrement à la station D07 qui est directement affectée par la présence du Port de l'Usine de Doniambo. Les concentrations en zinc sont supérieures à la valeur ERL uniquement aux stations D07 et D11 de la Grande Rade. Les concentrations en Cuivre et en Plomb sont inférieures à la valeur ERL dans toutes les baies étudiées, à l'exception de la station D02 (Grande Rade) où les concentrations en plomb sont supérieures à la valeur ERL. En prenant comme base le guide pour la qualité des sédiments NOAA (1999), la Grande Rade, la Baie de Boulari, la Baie de Dumbéa et la Baie de Sainte-Marie peuvent donc être considérées comme significativement polluées par le Nickel, le Chrome et le Zinc.

Le Cobalt et le Manganèse ne sont pas inclus dans le guide de NOAA (1999). Webb *et al.* (1978) rapportent néanmoins que, dans des sédiments de rivières anglaises et du Pays de Gales : (1) des concentrations en cobalt inférieures à 6 μg.g PS^{-1} peuvent être considérées comme faibles; (2) des concentrations en cobalt entre 6 et 22 μg.g PS^{-1} peuvent être considérées comme normales; (3) des concentrations en cobalt entre 22 et 125 μg.g PS^{-1} peuvent être considérées comme élevées; et (4) des concentrations en cobalt supérieures à 125 μg.g PS^{-1} peuvent être considérées comme très élevées. À partir d'une étude dans des estuaires britanniques, Bryan *et al.* (1985) considèrent comme non pollués les estuaires présentant des concentrations en cobalt inférieures à 10 μg.g PS^{-1}, et comme pollués ceux présentant des concentrations comprises entre 18 et 40 μg.g PS^{-1}. Bahen-Manjarrez *et al.* (2002) considèrent les concentrations en cobalt supérieures à 37 μg.g PS^{-1} comme relativement élevées pour les sédiments de l'estuaire de Coatzacoalcos (Mexique). Au cours de la présente étude, les concentrations en cobalt sont inférieures à 9 μg.g PS^{-1} dans les sédiments de la Baie Maa et entre 8 et 16 μg.g PS^{-1} dans la Baie de Sainte-Marie. Dans les sédiments de la Grande Rade, les concentrations en cobalt sont supérieures à 22 μg.g PS^{-1}, tandis que dans la Baie de Boulari, les concentrations sont supérieures à 125 μg.g PS^{-1} aux stations B03 et B08. Au vu de ces résultats, quelques stations du Lagon Sud-Ouest, notamment dans la Grande Rade et en Baie de Boulari, peuvent être considérées comme fortement polluées par le Cobalt.

Bryan *et al.* (1985) ont également étudié les concentrations en Manganèse dans les estuaires britanniques. Ils ont mesurés des concentrations d'environ 417 μg.g PS^{-1} dans des estuaires non pollués et des concentrations comprises entre 559 et 1160 μg.g PS^{-1} dans des estuaires pollués. David (2002) a mesuré des concentrations en Mn comprises entre 445 et 1060 μg.g PS^{-1} en étudiant le sédiment marin impacté par l'activité minière de l'Île Marinduque (Philippines). Il a considéré ces concentrations comme élevées par rapport aux valeurs de la base de données établies pour la côte Ouest de cette même île. Les concentrations en manganèse mesurées lors de la présente étude sont inférieures à 400 μg.g PS^{-1} dans la plupart des stations, à l'exception des stations B03 et B08 (Baie de Boulari) où elles sont comprises entre 799 et 1875 μg.g PS^{-1}. Seules ces deux stations peuvent être considérés comme fortement pollués par le manganèse.

En conclusion, les quatre baies étudiées peuvent être considérées comme potentiellement polluées par un ou plusieurs métaux, inclus Baie Maa dans laquelle seules les concentrations en nickel dépassent les seuils établis dans le guide pour la qualité des sédiment de NOAA (1999, d'après Long *et al.*, 1995).

V.3.2. Interactions entre les paramètres

Les interactions entre les paramètres environnementaux, la méiofaune totale et les abondances de Nématodes et Copépodes analysées à l'aide des Analyses en Composantes Principales, montrent que la densité de la méiofaune totale est négativement corrélée aux descripteurs généraux de la matière organique du sédiment superficiel (i.e., C, N, et AAT), ainsi qu'aux métaux associés aux apports d'origine anthropique et à la matière organique (Cu, Zn et Pb). Cette relation est très nette en Baie de Sainte-Marie où co-existent un gradient de concentration en métaux (Zn, Cu et Pb) et un gradient d'enrichissement en matière organique. Les concentrations de ces trois métaux sont également élevées dans La Grande rade où les contenus organiques sont plus faibles. La densité de la méiofaune totale est plus élevée dans la Grande Rade que dans la Baie de Sainte-Marie. Ces observations suggèrent que la densité de la méiofaune totale est plus influencée par l'enrichissement organique que par les concentrations en ces trois métaux. Ce résultat est en accord avec les données de la littérature qui montrent que l'enrichissement en matière organique peut provoquer une diminution de la densité de la méiofaune totale et en particulier des Copépodes (Gee *et al.*, 1985; Warwick *et al.*, 1988). On ne peut toutefois pas écarter de manière définitive le fait qu'il puisse exister une certaine « additivité » des effets des enrichissements en matière organique et en métaux (Pb, Cu et Zn). Les résultats de l'Analyse en Composantes Principales montrent de plus l'absence de corrélation entre la méiofaune et les concentrations en nickel, cobalt, chrome et manganèse. Ce résultat est confirmé par : (1) les analyses de corrélation, et (2) l'absence de gradient de la méiofaune en relation avec les gradient en nickel, cobalt, chrome et manganèse observés en Baie de Boulari. De plus l'absence de corrélation négative significative entre la densité de la méiofaune total et les concentrations en Ni, Cr, Co et Mn, suggère que la méiofaune peut supporter des concentrations élevées en ces quatre métaux. Malgré la présence de concentrations potentiellement toxiques dans le sédiment, il semble donc bien que la densité totale de la méiofaune dans le Lagon Sud-Ouest soit largement indépendante des concentrations en ces quatre métaux.

La densité de la méiofaune totale montre une corrélation négative avec le contenu organique du sédiment superficiel, et une corrélation positive avec le rapport AAD/AAT. Ce rapport représente la fraction du pool total d'acides aminés utilisables par la faune benthique (Mayer *et al.*, 1986; 1995). Il constitue un indicateur de la valeur nutritionnelle de la matière organique sédimentée (Grémare *et al.* 1997). La corrélation entre la méiofaune et la matière organique sédimentée diffère de celle décrite par Grémare *et al.* (2002) sur la plateforme continentale du Golfe du Lion. Ces auteurs observent en effet une corrélation positive entre la densité totale de la méiofaune et la biomasse des Nématodes avec la concentration de matière organique sédimentée. Boucher et Clavier (1990) ont déjà signalé que malgré un rapport surface/volume élevé, les fonds vaseux du Lagon Sud-Ouest sont paradoxalement caractérisés par : (1) une faible biomasse méiobenthique; (2) un faible réservoir d'ATP; et (3) une faible consommation d'oxygène par rapport aux fonds de sables gris et de sables blancs. Ils suggèrent que ces caractéristiques peuvent résulter : 1) de l'accumulation de métaux; et 2) des effets négatifs des tanins provenant de la mangrove associé aux phytodétritus (Alongi, 1989). Les résultats de la présente étude ne plaident pas pour un contrôle étroit de la méiofaune par les métaux (voir ci-dessus). La densité de la méiofaune totale est par contre négativement corrélée au rapport Pheo*a*/Chl*a*. Ce rapport indique le taux de la dégradation de la chlorophylle *a*, et dans ce sens, la corrélation négative rapportée ci-dessus est en accord avec la limitation possible de la méiofaune benthique par des détritus de provenant de la mangrove. Néanmoins, d'autres études sont clairement nécessaires pour tester et peut être conforter cette hypothèse.

Deux autres résultats remarquables de la présente étude sont : (1) la corrélation positive entre la densité de la méiofaune totale et le rapport AAD/AAT; et (2) les corrélations négatives entre le rapport AAD/AAT et la matière organique sédimentaire. Selon Alongi (1990), les apports terrigènes constituent la plus importante source en carbone organique pour les écosystèmes tropicaux côtiers. Ces apports sont constitués de matière organique réfractaire, difficilement utilisable par la faune benthique (Ittekot, 1988; Alongi 1990a). Ils sont de plus fortement dilués dans une matrice minérale et la plupart du temps associés à de crues qui sont connues pour avoir des effets négatifs sur la faune benthique (Alongi 1990a). Dans le Golfe du Lion, Grémare *et al.* (2002) rapportent qu'il existe des corrélations plus étroites entre les caractéristiques quantitatives de la méiofaune avec les concentrations en matière organique labile (i.e., AAD et lipides), qu'avec les concentrations en matière organique totale (i.e., C, N, carbohydrates et AAT). Ces auteurs signalent que l'utilisation de l'AAD au lieu de l'azote a comme conséquence une augmentation d'environ de 20% des changements quantitatifs de la méiofaune qui sont expliqués par la disponibilité de matière organique. Nos résultats montrent également l'importance de considérer les aspects qualitatifs lorsque l'on évalue les interactions entre les caractéristiques quantitatives de la faune benthique et la matière organique sédimentaire. Contrairement à ce qui est observé dans le Golfe du Lion, la corrélation négative entre la densité de la méiofaune totale et la matière organique sédimentaire peut résulter de la labilité extrêmement faible de la matière organique sédimentaire du Lagon Sud-Ouest, comme l'indiquent les faibles rapports AAD/AAT observés lors de la présente étude. Selon cette hypothèse, la méiofaune serait plus abondante aux stations comportant de faibles concentrations en matière organique sédimentaire, mais où cette dernière serait de meilleure qualité.

V.4- Bioaccumulation des métaux par les Nématodes

V.4.1-Comparaison avec la littérature

Les concentrations en cuivre, zinc et plomb des Nématodes mesurées pendant la présente étude sont comparables à celles enregistrées par Howell (1982a) pour deux espèces de Nématodes de la région intertidale de Bulde Bay (site non pollué) et de la Blyth Estuary (site pollué) (Grande-Bretagne) (Tableau XXIV). Les concentrations en plomb, cuivre et zinc de *Enoplus brevis* et de *Enoplus communis* de Bulde Bay sont du même ordre de grandeur que celles mesurées lors de la présente étude pour les Nématodes de la Baie de Dumbéa, de la Grande Rade et de la Baie de Boulari. Les concentrations en cuivre et en zinc des Nématodes de la Baie Maa sont moins élevées que les concentrations observées dans les estuaires pollués et non pollués étudiés par Howell (1982a), alors que la concentration en plomb est similaire à celles observées par cet auteur à Budle Bay. Par ailleurs, les concentrations en plomb dans les Nématodes de la Baie de Dumbéa, de la Grande Rade et de la Baie de Boulari sont similaires à celles mesurées par Fichet *et al.* (1999) dans la nématofaune des sédiments portuaires de la Charente-Maritime (Tableau XXIV). Les concentrations en cuivre et en zinc mesurées par ces auteurs sont plus élevées que celles observées au cours de la présente étude. Ces comparaisons suggèrent que les Nématodes des sites étudiés dans le Lagon Sud-Ouest sont faiblement contaminés par le cuivre, le zinc et le plomb.

A notre connaissance, il n'existe pas dans la littérature de données relatives à la concentration des Nématodes marins en cobalt, chrome, manganèse et nickel. Ceci complique l'interprétation des résultats obtenus lors de la présente étude. La comparaison des concentrations métalliques mesurées avec celles enregistrées par Breau (2003) pour des macroinvertébrés et des macroalgues benthiques du Lagon Sud-Ouest montre néanmoins que les Nématodes sont plus concentrés en cobalt, chrome, manganèse et nickel (Tableau XXIII). Au contraire, les Bivalves étudiés par Breau (2003) sont faiblement concentrés en cobalt, chrome, manganèse et nickel. Comme déjà indiqué par cet auteur, les concentrations en métaux mesurées lors de la présente étude sont maximales pour les Nématodes de la Baie de Boulari et de la Grande Rade. Si l'on considère que la Baie Maa constitue un site de référence valide, on constate que les rapports des concentrations des métaux du groupe 1 dans cette baie et en baie de Boulari (dont les sédiments présentent les concentrations maximales en métaux du groupe 1) sont de l'ordre de 10 fois plus faibles que les rapports des concentrations en métaux du groupe 2 dans la Baie Maa et dans la Grande Rade (dont les sédiments présentent les concentrations maximales en métaux du groupe 2). Au vu de ces résultats, j'ai tendance à conclure que les nématodes du Lagon Sud-Ouest présentent de fortes concentrations en cobalt, chrome, manganèse et nickel.

V.4.2-Les facteurs de bioaccumulation

Les résultats de la présente étude montrent l'existence de corrélations très significatives entre les concentrations du sédiment en nickel, chrome, cobalt et manganèse et celles des Nématodes. Cette corrélation est moins significative pour le zinc et plus du tout significative pour le plomb et le cuivre. Ceci suggère l'existence de mécanismes de contamination différents pour les métaux du groupe 1 (cobalt, chrome, manganèse et nickel)) et ceux du groupe 2 (cuivre, plomb et zinc). Les métaux du groupe 2 étant beaucoup plus associés à la matière organique, il est probable que les processus de nutrition jouent un rôle important dans leur transfert vers les Nématodes. Certains de ces organismes sont connus pour présenter une forte sélectivité alimentaire (Giere, 1993 ; Boucher, 1997), qui conjuguée avec des adsorptions différentes des métaux sur les différentes sources de matière organique, pourrait expliquer l'absence de corrélation significative entre les concentrations mesurées dans le sédiment et les nématodes. Les métaux du groupe 1 sont au contraire étroitement associés à la fraction minérale. Les processus de nutrition sont donc très certainement moins importants (mais certainement pas inexistants comme on le verra plus loin) dans leur transfert vers le benthos. Cette hypothèse est notamment soutenue par les faibles concentrations de ces métaux dans les Bivalves du Lagon Sud-Ouest (Breau 2003) qui exploitent la matière organique en suspension. Les phénomènes d'absorption cuticulaire sont susceptibles d'intervenir dans le transfert des métaux du groupe 1 vers les nématodes qui vivent dans la colonne sédimentaire. Cette capacité des Nématodes à accumuler les métaux pourrait être due à certaines caractéristiques structurelles et chimiques de leur cuticule, (Howell, 1983). Cette cuticule est formée par une couche corticale externe constituée de collagènes spécifiques qui contiennent les groupes disulphide[4] et sulphydril[5] susceptibles de constituer des liants pour les métaux. D'autres structures peuvent avoir un rôle important pour la contamination par les métaux. Il s'agit par exemple de la glandule ventrale qui est connue pour sécréter un acide mucopolysaccharide (Howell, 1982b; Howell 1983). Là encore, ces substances muqueuses secrétées par les nématodes sont capables de se lier aux métaux (Howell & Smith, 1983). Riemann & Schrage (1978) suggèrent que le mucus est utilisé par plusieurs espèces de nématodes comme faisant partie de leur mécanisme d'alimentation. La conjonction de ces deux mécanismes favoriserait par conséquent l'absorption des métaux par l'organisme. Selon Harvey & Luoma (1985) et Decho (1990), les acides mucopolysaccharides secrétés par les bactéries sont également capables de se lier à des métaux. Des nombreux Nématodes et Copépodes consomment des bactéries (*bacterial feeders*), ce qui constitue une autre voie de contamination pour la méiofaune.

Les facteurs de bioaccumulation calculés lors de la présente étude, démontrent que les Nématodes de la baie de Boulari, Grande Rade et Baie Maa sont plus concentrés en métaux que le sédiment de ces mêmes baies. Des résultats similaires ont déjà été obtenus par Fichet (1997) pour ce qui concerne le cuivre, le zinc et le plomb. Les forts facteurs de bioaccumulation observés en Baie Maa, spécialement pour le Cobalt, le Cuivre, le Manganèse, le Zinc et le Plomb, indiquent que les Nématodes accumulent plus les métaux que le sédiment. Ces Nématodes accumulent même plus de cuivre, zinc et plomb que ceux présents dans les autres sites étudiés malgré les faibles concentrations de ces éléments dans le

---

[4] Composé binaire de soufre contenant deux atomes de soufre par molécule.
[5] Composés qui lient le groupe -SH.

sédiment de la Baie Maa. Un constat similaire peut être effectué pour le plomb en baie de Boulari et pour le cuivre en Baie de Dumbéa où les concentrations de ces deux métaux sont également faibles. Les variations des facteurs de bioaccumulation entre les différents métaux et les différentes baies sont difficiles à interpréter du fait de l'absence de réplication et de la multiplicité des paramètres susceptibles de les affecter (i.e., différences des types trophiques ou bien de conditions physicochimiques). Néanmoins, mes résultats suggèrent que les facteurs de bioaccumulation ont tendance à être plus élevés lorsque les concentrations en métaux dans le sédiment sont les plus faibles. Cette hypothèse mériterait très certainement d'être testée à partir d'une approche expérimentale adaptée.

Tableau XXIV : Synthèse bibliographique des concentrations métalliques (µg.g PS^{-1}) mesurées dans quelques organismes marins benthiques en régions tropicales et tempérées. (*) Moyenne des stations étudiées.

Organisme	Sites d'étude: Nouvelle-Calédonie	Auteur	Co	Cr	Cu	Mn	Ni	Zn	Pb
	Baie de Dumbéa		40,33	199,97	27,88	223,01	391,09	102,55	41,67
	Grande Rade		200,91	420,09	59,08	395,98	2438,74	320,70	93,93
Nématofaune	Baie de Boulari	Présente étude	1250,18	4345,76	58,24	3778,82	8069,03	364,27	42,02
	Baie de Sainte-Marie		18,99	180,87	22,88	126,94	174,66	67,77	26,61
	Baie Maa		12,68	69,34	17,78	155,38	136,02	73,74	28,41
Nématodes	**Sites d'étude: Charentes-Maritimes - FR**	**Auteurs**	**Co**	**Cr**	**Cu**	**Mn**	**Ni**	**Zn**	**Pb**
Nématodes	Pallice (subtidal) *	Pichet *et al*. (1999)	-	-	130,00	-	-	655,00	40,90
Copépodes	Pallice (subtidal) *		-	-	127	-	-	305	12,6
Nématodes	**Sites d'étude: Grand-Bretagne**	**Auteurs**	**Co**	**Cr**	**Cu**	**Mn**	**Ni**	**Zn**	**Pb**
Enoplus brevis	Budle Bay - non pollué		-	-	25-126 (61)	-	-	62-370 (146)	14-115 (41,9)
	Blyth Estuary - pollué	Howell (1982a)	-	-	28-121 (56)	-	-	200-1136 (378,7)	9,2-80 (40,7)
	Tees Estuary - pollué		-	-	57-583 (245)	-	-	134-1379 (648,7)	3,9-50 (19,7)
	Budle Bay - non pollué		-	-	12-105 (33,4)	-	-	90-146 (105,4)	4,0-26 (13,5)
Enoplus communis	Blyth Estuary - pollué	Howell (1982a)	-	-	27-72 (49,3)	-	-	1250-2295 (1864,9)	7-65 (23,4)
	Tees Estuary - pollué		-	-	28-83 (59,5)	-	-	956-2555 (1263,6)	28-47 (36,8)
Bivalves	**Sites d'étude: Nouvelle-Calédonie**	**Auteurs**	**Co**	**Cr**	**Cu**	**Mn**	**Ni**	**Zn**	**Pb**
Gafrarium tumidum	Baie de Dumbéa		4,95	4,57	8,03	31,2	33,9	63,6	-
	Grande Rade		3,43	4,89	39,3	94,4	96,7	149	-
(filtreur)	Baie de Boulari	Breau (2003)	7,89	9,2	5,48	19	41	54,4	-
zone intertidale	Ouano		4,08	1,1	5,39	13,5	21,3	55,4	-
Isognomon isognomon	Baie de Dumbéa		1,64	6,1	18,9	23,9	18	3978	-
	Grande Rade		0,72	3,7	27,4	17,3	13,12	9927	-
(filtreur)	Baie de Boulari	Breau (2003)	0,71	2,9	43,8	20,7	6,22	4389	-
zone subtidale	Baie de Sainte-Marie		2,25	8,9	13,7	30,7	22,9	2339	-
	Baie Maa		0,25	1,3	9,8	23,3	2,54	1053	-
Hyotissa hyotis	Baie de Dumbéa	Breau (2003)	0,54	0,94	11,57	3,15	4,3	984	-
(filtreur) zone subtidale	Baie de Boulari		1,52	1,68	11,61	4,43	7,89	816	-
Holothuries	**Sites d'étude: Nouvelle-Calédonie**	**Auteurs**	**Co**	**Cr**	**Cu**	**Mn**	**Ni**	**Zn**	**Pb**
	Baie de Dumbéa		1,18	8,36	2,25	8,43	7,21	34,7	-
Holothuria (Halodeima) edulis	Grande Rade		0,6	7,32	2,44	6,58	4,98	36,6	-
(viscères)	Baie de Boulari	Breau (2003)	1,24	8,47	2,75	7,63	7,17	35	-
	Baie de Sainte-Marie		0,39	5,19	2,74	2,15	6,89	29,7	-
	Baie Maa		0,46	2,81	2,78	2,2	2,26	35,2	-
	Baie de Dumbéa		0,85	1,18	2,8	4,9	2,4	31,3	-
Sarcophyton sp.	Grande Rade		0,37	0,88	3,6	3,6	10	38,3	-
(Alcyonaire)	Baie de Boulari	Breau (2003)	0,56	2,98	0,47	6	5,2	18,7	-
	Baie Maa		0,23	0,75	8,1	6	2,5	29,3	-
Macroalgues	**Sites d'étude: Nouvelle-Calédonie**	**Auteurs**	**Co**	**Cr**	**Cu**	**Mn**	**Ni**	**Zn**	**Pb**
	Baie de Dumbéa		5,89	26,3	0,9	123	55	10,7	-
Lobophora variegata	Baie de Boulari	Breau (2003)	16,9	115	1,58	143	186	17,4	-
	Baie de Sainte-Marie		1,79	4,78	0,71	24,7	8,9	9,4	-
	Baie Maa		1,48	2,6	2,6	26,6	4,54	12	-
	Baie de Dumbéa		0,2	4,91	<0,10	6,9	10,3	2,25	-
Halimeda incrassata	Grande Rade *	Breau (2003)	0,78	8,36	<0,10	12,25	25,6	3,37	-
	Baie de Sainte-Marie		0,31	7,37	<0,10	7,7	11,3	2,79	-
	Baie de Dumbéa		<0,10	3,28	<0,10	4,76	7,05	1,86	-
Halimeda macroloba	Grande Rade	Breau (2003)	0,41	3,87	<0,10	9,07	13,5	3,67	-
	Baie de Sainte-Marie *		<0,10	3,21	<0,10	4,14	5,03	1,94	-
	Baie Maa		<0,10	4,25	<0,10	4,51	5,78	3,89	-
	Baie de Dumbéa		0,73	4,9	0,99	19,6	15,1	15,6	-
Caulerpa taxifolia	Baie de Sainte-Marie *	Breau (2003)	0,73	5,3	1,13	11,95	11,85	8,2	-
	Baie Maa		-	-	-	-	-	-	-
Caulerpa sertularioides	Baie de Sainte-Marie	Breau (2003)	1,75	11,2	1,73	17,7	29,5	13,8	-

VI- CONCLUSION GÉNÉRALE

Le premier objectif de mon travail consistait à étudier les variabilités temporelles et spatiales des variables environnementales, des caractéristiques physico-chimiques et biochimiques des sédiments superficiels du Lagon Sud-Ouest. Les résultats que j'ai obtenus montrent l'existence d'une variabilité temporelle significative uniquement pour certaines variables biochimiques du sédiment. En fait, cette variabilité saisonnière n'est significative que pour des fractions très labiles de la matière organique dont les concentrations sont plus faibles en décembre 2002 (début de la saison humide). Ce résultat est néanmoins à pondérer par le fait que l'échantillonnage de décembre a été conduit avant le pic de précipitations. Il serait par conséquent particulièrement intéressant d'effectuer des mesures comparatives plus tard au cours de la saison humide afin de mieux évaluer les variations temporelles des caractéristiques des sédiments du Lagon Sud-Ouest. Les variations spatiales sont également essentiellement limitées aux caractéristiques qualitatives de la matière organique sédimentée qui traduisent l'existence de différents apports de matière organique dans chacune des baies étudiées. De manière générale, la matière organique des sédiments des baies reste néanmoins de faible qualité comme démontré par les faibles rapports AAD/AAT mesurés lors de la présente étude. Cette faiblesse est en accord avec l'importance des apports continentaux dans le Lagon Sud-Ouest.

Le deuxième objectif de mon travail consistait à étudier les variabilités temporelles et spatiales des concentrations en métaux dans les sédiments superficiels. Les résultats que j'ai obtenus montrent l'absence totale de toute variation temporelle significative. Toutefois les mêmes restrictions et recommandations formulées ci-dessus pour les caractéristiques du sédiment s'appliquent également clairement à l'étude des métaux. La variabilité spatiale est par contre significative pour pratiquement tous les métaux. Plus spécifiquement, mes résultats ont permis d'identifier deux groupes de métaux dont le premier (Cr, Mn, Co et Ni) est associé aux activités minières et le second (Cu, Zn et Pb) est associé aux apports urbains. Les métaux du premier groupe sont plus concentrés dans les sédiments de la Baie de Boulari ainsi qu'à certaines stations de la Grande Rade proches de l'usine métallurgique de Doniambo. Les métaux du second groupe sont plus concentrés dans la partie intérieure de la Baie de Sainte Marie et dans la Grande Rade, c'est à dire dans les deux zones les plus proches de centres urbains importants. La comparaison de mes valeurs avec les données de la littérature et les guides établis pour la qualité des sédiments suggère que les 4 baies étudiées peuvent être considérées comme polluées par un ou plusieurs métaux.

Le troisième objectif de mon travail consistait à étudier les variations temporelles et spatiales des groupes taxonomiques majeurs de la méiofaune. Les résultats que j'ai obtenus montrent l'absence de variation temporelle significative de la densité de la méiofaune totale ainsi que des trois principaux taxons. Ce résultat ne concorde pas avec ce qui est actuellement connu des variations saisonnières du méiobenthos en zone tropicale, d'où là encore, l'intérêt de programmer un échantillonnage situé plus en avant dans la saison humide. Les variations spatiales sont uniquement significatives pour le nombre total de taxons ainsi que pour la densité totale (saison sèche uniquement- juillet 2002).

Le quatrième objectif de mon travail consistait à étudier les relations liant la méiofaune (totale, Nématodes et Copépodes) et les variables environnementales, les caractéristiques physico-chimiques et biochimiques, et les concentrations en métaux du sédiment superficiel. Cet objectif revenait à identifier les principaux facteurs qui contrôlent la densité et la distribution de la méiofaune dans les environnements étudiés. Cet objectif a été recherché à l'aide d'Analyses en Composantes Principales. Les résultats ainsi obtenus ont démontré l'existence de deux gradients correspondant respectivement à : (1) un enrichissement des apports liés à l'activité minière, et (2) à l'urbanisation. Les caractéristiques quantitatives et qualitatives de la méiofaune semblent très largement indépendantes des activité minières. Elles sont par contre négativement corrélées avec les apports urbains. Ces apports contiennent à la fois de la matière organique et certains métaux (Cu, Pb et Zn) qui lui sont associés. Il est difficile de dissocier l'action que ces deux facteurs sont susceptibles d'exercer sur la méiofaune. La comparaison des résultats obtenus dans la Grande Rade et la Baie de Sainte Marie suggère néanmoins le rôle prépondérant de la matière organique. De ce point de vue, mes résultats sont réellement originaux puisque pour la première fois ils mettent en évidence le fait qu'un même compartiment biologique est positivement corrélé avec la qualité de la matière organique et négativement corrélé avec la quantité de cette matière. Là encore, ceci semble lié avec l'importance des apports de matière organique réfractaire dans le Lagon Sud-Ouest.

Le dernier objectif de mon travail consistait à évaluer les concentrations en métaux de la nématofaune ainsi que les facteurs de bioaccumulation associés. Mes résultats montrent que les Nématodes sont fortement concentrés en métaux et plus particulièrement ceux provenant de l'activité minière. Pour ces 4 métaux, il existe une corrélation hautement significative entre les concentrations dans le sédiment et dans les Nématodes. Il n'en va pas de même pour le Cu et le Pb (ainsi que dans une moindre mesure pour le Zn) qui sont fortement associés à la matière organique. Ceci suggère l'existence de modes de contamination différents pour ces deux types de métaux. Les facteurs de bioaccumulation semblent également varier d'une baie à l'autre. Ils tendent en particulier à être plus élevés dans la Baie Maa et la Baie de Sainte Marie. Dans ce dernier cas, des valeurs parmi les plus élevées sont mesurées pour le Pb et le Cu dont les concentrations dans le sédiment ne sont pas particulièrement élevées. Ceci tend à suggérer que les différences dans les facteurs de bioaccumulation pourraient en partie résulter d'un manque « d'adaptation » à la présence des métaux dans le milieu.

En conclusion, la méiofaune en général, et les nématodes en particulier représentent l'un des premiers maillons de la chaîne trophique marine. Ils sont parmi les plus nombreux et les plus ubiquistes des organismes benthiques. Les résultats que j'ai obtenus montrent clairement : (1) la réponse des caractéristiques quantitatives et qualitatives de la méiofaune du Lagon Sud-Ouest aux perturbations anthropiques (en particulier celles d'origine urbaine), et (2) des différences importantes des concentrations en métaux des nématodes en fonction des perturbations de leur environnement (en particulier de l'érosion des sols miniers). Au vu de ces résultats, la méiofaune peut être considérée comme un outil efficace pour évaluer le niveau de contamination du sédiment et les risques de contamination pour la faune benthique associée. Les efforts importants nécessaires à l'analyse de ce compartiment se trouvent en effet largement compensés par : (1) l'association de fortes diversité et de fortes densités avec de petites surfaces, ainsi que (2) par la bonne réactivité de ce compartiment. Il convient également d'ajouter la simplicité relative des moyens requis pour conserver ces organismes dans des systèmes artificiels, qui facilite leur utilisation lors de tests sur les effets biologiques des substances contaminantes.

La présente étude était basée sur l'échantillonnage de plusieurs sites présentant des caractéristiques environnementales contrastées. Elle était donc essentiellement de nature descriptive. Cette étape constitue un premier pas, indispensable dans l'optique de la compréhension du fonctionnement de l'écosystème. L'information qu'elle est susceptible de générer quant aux processus impliqués reste néanmoins clairement limitée. Afin de compléter les connaissances sur les réponses de la méiofaune du Lagon Sud-Ouest aux apports anthropiques, je propose :

(1) de réaliser une étude comparative entre la saison sèche et le cœur de la saison humide afin de prendre pleinement en compte l'augmentation des apports terrigènes ainsi que les effets des épisodes de crue.

(2) d'améliorer le niveau de détermination du méiobenthos échantillonné sur le terrain. Au cours de la présente étude cette détermination a été réalisée au niveau des grands taxons. Je propose de la porter au niveau spécifique. Cet effort concernerait notamment l'identification des Nématodes qui ont servi lors de l'étude de la bioaccumulation des métaux. Ceci permettrait de vérifier si les Nématodes des sites étudiés sont des espèces différentes et/ou représentatives de types trophiques différents. Ainsi, les voies de contamination potentielles pour ces organismes pourraient elles être identifiées. De manière plus générale, l'identification des espèces et des groupes taxonomiques à un niveau plus fin permettrait de réaliser une comparaison à long terme de la biodiversité avec les études précédentes (Salvat, 1964,1965; Renaud-Debyser, 1965; Expédition Française sur les récifs coralliens de la Nouvelle-Calédonie, 1967 & 1972; Clavier *et al.*, 1990; Boucher & Clavier, 1990; et Boucher, 1997). L'évaluation de la composition faunistique de la méiofaune du Lagon Sud-Ouest, après un intervalle d'étude de plus de trente ans pendant lequels la méiofaune été confrontée à des apports continus de métaux à un enrichissement organique important, pourrait apporter des enseignements intéressants sur l'état du compartiment méiobenthique du Lagon Sud-Ouest.

(3) De compléter les études de terrain par la mise en œuvre de tests biologiques. Les résultats de mon travail ont notamment permis de mettre en évidence le fait que la méiofaune du Lagon Sud-Ouest est plus sensible au gradient d'enrichissement en matière organique qu'à celui de l'enrichissement en métaux. Il reste cependant très difficile de distinguer les effets de ces deux facteurs. L'analyse spécifique proposée ci-dessus pourrait également être utilisée afin d'identifier, parmi les espèces du Lagon, celles qui sont le plus appropriées à la réalisation de tests de toxicité. Ceci nous donnera la possibilité de développer des microcosmes expérimentaux avec l'objectif d'étudier séparément les effets biologiques des métaux et de l'enrichissement organique des sédiments du Lagon Sud-Ouest.

VII- RÉFÉRENCES BIBLIOGRAPHIQUES

A

Alongi, D. M., 1989. Benthic processes across mixed terrigenous - carbonate sedimentary facies on the Central Great Barrier Reef continental shelf. *Continental Shelf Research*, 9 **(7):** 629-663.

Alongi, D. M., 1990. The ecology of tropical soft-bottom benthic ecosystems. *Oceanography and Marine Biology: An Annual Review*, 28: 381-496.

Alongi, D. M., 1998. **Coastal Ecosystems Processes**. CRC Press. 419 p.

Alongi, D. M. & Christoffersen, P., 1992. Benthic infauna and organism-sediment relations in a shallow, tropical coastal area: influence of outwelled mangrove detritus and physical disturbance. *Marine Ecology Progress Series*, 81 **(3):** 229-245.

Ambatsian, P., Fernex, F., Bernat, M., Parron, C. & Lecolle, J., 1997. High metal inputs to closed seas: The New Caledonian lagoon. *Journal of Geochemical Exploration*, 59 **(1):** 59-74.

Amjad, S. & Gray, J. S., 1983. Use of the nematode-copepod ratio as an index of organic pollution. *Marine Pollution Bulletin*, 14 **(5):** 178-181.

Ansari, T.M., Marr, I.L. & Tariq, N., 2004. Heavy metals in marine pollution perspective. A mini review. *Journal of Applied Sciences*, 4 **(1):** 1-20.

Ansari, Z. A. & Parulekar, A. H., 1993. Environmental Stability and Seasonality of a Harpacticoid Copepod Community. *Marine Biology*, 115 **(2):** 279-286.

ANZECC, 2000. **National Water Quality Management Strategy: Australian and New Zealand Guidelines for Fresh and Marine Water Quality.** Australian and New Zealand environmental Council. Australian & New Zealand Environment and Conservation Council & Agriculture and Resource Management Council of Australia and New Zealand. Canberra, Australia.

Austen, M. C. & McEvoy, A. J., 1997. The use of offshore meiobenthic communities in laboratory microcosm experiments: response to heavy metal contamination. *Journal of Experimental Marine Biology and Ecology*, 211 **(2):** 247-261.

B

Bahena-Manjarrez, J. L., Rosales-Hoz, L. & Carranza-Edwards, A., 2002. Spatial and temporal variation of heavy metals in a tropical estuary. *Environmental Geology*, 42 **(6):** 575-582.

Bangers, T. & Ferris, H., 1999. Nematode community structure as a bioindicator in environmental monitoring. *TREE*, 14 **(6):** 224-228.

Birch, G. F. & Taylor, S. E., 2002. Application of sediment quality guidelines in the assessment and management of contaminated surficial sediments in Port Jackson (Sydney Harbour), Australia. *Environmental Management*, 29 **(6):** 860-870.

Birch, G. F. & Taylor, S. E., 2002. Assessment of possible sediment toxicity of contaminated sediments in Port Jackson, Sydney, Australia. *Hydrobiologia*, 472: 1-3.

Bird, E. C. F., Dubois, J.-P. & Iltis, J. A., 1984. **The Impact of Opencast Mining on the Rivers and Coasts of New Caledonia**. The United Nations University. 64 p.

Boucher, G., 1997. Structure and biodiversity of nematode assemblages in the SW Lagoon of New Caledonia. *Coral Reefs*, 16 **(3):** 177-186.

Boucher, G. & Clavier, J., 1990. Contribution of benthic biomass to overall metabolism in New Caledonia lagoon sediments. *Marine Ecology Progress Series*, 64 **(3):** 271-280.

Breau, L., 2003. **Étude de la bioaccumulation des métaux dans quelques espèces marines tropicales : recherche de bio-indicateurs de contamination et application a la surveillance de l'environnement côtier dans le Lagon Sud-Ouest de la Nouvelle-Calédonie.** Thèse de Doctorat. Université de La Rochelle. 318 p.

Bryan, G. W. & Langston, W. J., 1992. Bioavailability, accumulation and effects of heavy metals in sediments with special reference to United Kingdom estuaries: A Review. *Environmental Pollution*, 76 **(2):** 89-131.

Bryan, G. W., Langston, W. J., Hummerstone, L. G. & Burt, G.R., 1985. **A Guide to the assessment of heavy-metal contamination in estuaries using biological indicators**. Marine Biological Association. Plymouth (UK). 92 p.

Bujan, S., 2000. **Modélisation biogéochimique du cycle du carbone et l'azote dans les écosystèmes côtiers tropicaux sous influences terrigène et anthropique. Application au Lagon de Nouméa (Nouvelle-Calédonie).** Thèse de Doctorat. Université de La Méditerranée, Aix-Marseille II. 204 p.

Bujan, S., Grenz, C., Fichez, R. & Douillet, P., 2000. Évolution saisonnière du cycle biogéochimique dans le Lagon Sud-Ouest de Nouvelle-Calédonie. *Comptes Rendus de l'Académie des Sciences - Séries III - Sciences de la Vie*, 323 **(2):** 225-233.

Burton, G.A., 1992. **Sediment Toxicity Assessment**. Lewis Publishers, USA. 240p

Bustamante, P., Garrigue, C., Breau, L., Caurant, F., Dabin, W., Greaves, J. & Dodemont, R., 2003. Trace elements in two Odontocete species (Kogia breviceps and Globicephala macrorhynchus) Stranded in New Caledonia (South Pacific). *Environmental Pollution*, 124 **(2):** 263-271.

Bustamante, P., Grigioni, S., Boucher-Rodoni, R., Caurant, F. & Miramand, P., 2000. Bioaccumulation of 12 Trace Elements in the Tissues of the *Nautilus nautilus macromphalus* from New Caledonia. *Marine Pollution Bulletin*, 40 **(8):** 688-696.

C

Carey, J., 1981. Nickel mining and refinery wastes in coral reef environs. IV International Coral Reef Symposium. The reef and man. Proceedings of the IV International Coral Reef Symposium. Manila (Philippines), 1: 137-146.

Catala, R., 1950. Contribution à l'étude écologique des îlots coralliens du Pacifique Sud. Premiers éléments d'écologie terrestre et marine des îlots voisins du littoral de la Nouvelle-Calédonie. *Bulletin Biologique de la France et de la Belgique*, 84 **(3)**: 234-310.

Catala, R., 1958. Effets de fluorescence provoquée sur des coraux par l'action des rayons ultra-violets. *Comptes Rendus Hebdomadaires des Séances de l'Académie des Sciences, Paris (série D)*, 247: 1678-1679.

Catala, R., 1964. **Carnaval Sous La Mer**. R. Sicard. Paris. 141p.

Catala, R., 1979. **Offrandes De La Mer**. Editions du Pacifique. Papeete. 336p.

Chapman, P. M. & Long, E. R., 1983. The use of bioassays as part of a comprehensive approach to marine pollution assessment. *Marine Pollution Bulletin*, 14: 81-84.

Chardy, P., Chevillon, C. & Clavier, J., 1988. Major benthic communities of the South-West Lagoon of New Caledonia. *Coral Reefs*, 7 **(2)**: 69-75.

Chardy, P. & Clavier, J., 1988. Biomass and trophic structure of the macrobenthos in the South-West lagoon of New Caledonia. *Marine Biology*, 99 **(2)**: 195-202.

Charles, F., Lopéz-Legentil, S., Grémare A., Amouroux J.-M., Desmalades, M., Vétion G. & Escoubeyrou, K., *(Sous-presse)*. Does sediment resuspension by storms affect the fact of polychlorobiphenyld (PCBs) in benthic food chain? Interactions between Changes in Pom Characteristics, Adsorption and Absorption by Mussel *Mytilus galloprovincialis*. *Continental Shelf Research*.

Charlou, J. L. & Joanny, M., 1983. **Dosage du mercure et d'autres métaux (Pb, Zn, Cu, Cd, Co, Ni, Cr, Mn) dans les sédiments marins par absorption atomique.** *In*: A. Aminot and M. Chaussepied (eds), Manuel des analyses chimiques en milieu marin. CNEXO, BNDO/ Documentation Brest, Brest. p: 285-295.

Chevillon, C., 1985. **Contribution à l'étude sédimentaire des dépôts du lagon Sud-Ouest de Nouvelle-Calédonie. La plaine lagunaire.** Rapport de D.E.A. Université d'Aix-Marseille II, ORSTOM. Nouméa. 21p.

Chevillon, C., 1986. Les sédiments de la corne Sud-Est du lagon Néo-calédonien. Missions de Janvier à Mai 1986, Recueil des données. *Rapports Scientifiques et Techniques. Oceanographie, Centre de Nouméa*, ORSTOM, 40: 13p.

Chevillon, C., 1992. **Biosédimentologie du grand lagon Nord de la Nouvelle-Calédonie.** Études et Thèses, ORSTOM. Paris. 224 p

Chevillon, C., 1996. **Texture, granulométrie et composition bioclastique des sédiments actuels de l'atoll d'Ouvéa (Îles Loyauté, Nouvelle-Calédonie).** *In*: B. Richer de Forges (ed). Études et Thèses. ORSTOM, Paris, vol. II. p: 7-73.

Chevillon, C., 1997. **Sédimentologie descriptive et cartographie des fonds meubles du lagon de la cote Est de Nouvelle-Calédonie.** *In*: B. Richer de Forges (ed). Études et Thèses, ORSTOM, Paris (France). Vol. III. p: 7-30.

Clavier, J., Boucher, G., Bonnet, S., Di Matteo, A., Gerard, P. & Laboute, P., 1990. Aerobic metabolism and nitrogen fluxes at the water-sediment interface in the South-West Lagoon of New-Caledonia. Methods and raw data. *Rapports Scientifiques et Techniques. Sciences de la Mer. Océanographie Physique.* Centre de Nouméa, ORSTOM Nouméa, **(54):** 35 pp.

Clavier, J., Chardy, P. & Chevillon, C., 1995. Sedimentation of particulate matter in the South-West Lagoon of New Caledonia: Spatial and temporal patterns. *Estuarine, Coastal and Shelf Science*, 40 **(4):** 281-294.

Colin, F., 2003. Nouvelle-Calédonie. Mine et Environnement. *Sciences au Sud. Le journal de l'IRD*, mai/juin **(20):** 7.

Commission OSPAR, 2000. **Bilan de Santé 2000.** Commission OSPAR. Londres. 108p.

Conand, F., 1987. **Biologie et écologie des poissons pélagiques du Lagon de Nouvelle-Calédonie.** Thèse de Doctorat. Université de Bretagne Occidentale. 233p.

Couch, C. A., 1988. A Procedure for extrating large numbers of debris-free, living nematodes from muddy sediments. *Transactions of the American Microscopical Society*, 107: 96-100.

Coull, B. C. & Chandler, G. T., 1992. Pollution and meiofauna: Field, laboratory, and mesocosm studies. *Oceanography and Marine Biology: An Annual Review*, 30: 191-271.

D

David, C. P., 2002. Heavy metal concentrations in marine sediments impacted by a mine-tailings spill, Marinduque Island, Philippines. *Environmental Geology*, 42 **(8):** 955-965.

David, E., 2003. **Caractérisation biogéochimique des sédiments de la Baie de Banyuls-sur-Mer.** Mémoire de DEA de Océanologie Biologique et Environnement Marin, Option Environnement Marin et Biogéochimie. Université Pierre et Marie Curie (Paris VI). France. 30p.

Day, J. W., Hall, C. A. S., Kemp, W. M. & Yanez-Arancibia, A., 1989. **Estuarine Ecology.** Wiley-Interscience. New York. 558 p

Decho, A. W., 1990. Microbial exopolymer secretions in ocean environments: Their role in food webs and marine processes. *Oceanography and Marine Biology: An annual review*, 28: 73-153.

Décret no. 2005-807, du 18 juillet 2005. Authentifiant les résultats du recensement de la population effectué en Nouvelle-Calédonie au cours de l'année 2004. *Journal Officiel de la République Française*, Texte 7 sur 68.

Douillet, P., Ouillon, S. & Cordier, E., 2001. A numerical model for fine suspended sediment transport in the Southwest lagoon of New Caledonia. *Coral Reefs*, 20 **(4)**: 361-372.

E

EPA, U.S., 1995. **Commentary on bioaccumulation issues. EPA-SAB-EPEC/DWC-COM-95-006.** U.S. Environmental Protection Agency, Science Advisory Board. Washington, DC.

EPA, U.S., 1997. **Exposure Factors Handbook. EPA/600/P95/002.** U.S. Environmental Protection Agency. Washington, DC.

EPA, U.S., 2000. **Bioaccumulation testing and interpretation for the purpose of sediment quality assessement. Status and needs. EPA-823-R-00-001.** U.S. Environmental Protection Agency, Bioaccumulation Analysis Workgroup. Washington, DC. 111p.

Expédition Française sur les Récifs Coralliens de la Nouvelle-Calédonie, 1967. **Expédition Française sur les Récifs Coralliens de la Nouvelle-Calédonie. Organisée sous l'Égide de la Fondation Singer-Polignac (1960-1963).** Éditions de la Fondation Singer-Polignac. Paris. vol. II: 145p.

Expédition Française sur les Récifs Coralliens de la Nouvelle-Calédonie, 1972. **Expédition Française sur les Récifs Coralliens de la Nouvelle-Calédonie. Organisée sous l'Égide de la Fondation Singer-Polignac (1960-1963).** Éditions de la Fondation Singer-Polignac. Paris. vol. VI: 167p.

F

Fichet, D., 1997. **Étude de la biodisponibilité des métaux dans les sédiments portuaires avant et après dragage : Recherche de bio-indicateurs de leur toxicité.** Thèse Doctorat. Université de La Rochelle. Spécialité : Océanologie Biologique et Environnement Marin. 175p

Fichet, D., Boucher, G., Radenac, G. & Miramand, P., 1999. Concentration and mobilisation of Cd, Cu, Pb and Zn by meiofauna populations living in harbour sediment: Their role in the heavy metal flux from sediment to food web. *Science of The Total Environment*, 243 **(244)**: 263-272.

Fichez, R., Adjeroud, M., Bozec, Y.-M., Breau, L., Chancerelle, Y., Chevillon, C., Douillet, P., Fernandez, J.-M., Frouin, P., Kulbicki, M., Moreton, B., Ouillon, S., Payri, C., Perez, T., Sasal, P. & Thébault, J., 2005. A review of selected indicators of particle, nutrient and metal inputs in coral reef lagoon systems. *Aquatic Living Resources*, 18 **(2)**: 125-147.

G

Gabrié, C., 1998. L'état des récifs coralliens en France Outre-Mer. Publication du Ministère de l'Aménagement du Territoire et de l'Environnement, Secrétariat d'État à l'Outre-Mer., Paris, France. 136p.

Garrigue, C. & Di Mateo, A., 1991. La biomasse végétale benthique du Lagon Sud-Ouest de Nouvelle-Calédonie. Résultats bruts : Liste taxonomique, biomasses, pigments Chlorophylliens. *Archives : Sciences de la Mer : Biologie Marine*, (1): 143p.

Gee, J.M., Warwick, R.M., Schaanning, M., Berge, J.A., Ambrose, J., & William G., 1985. Effects of organic enrichment on meiofaunal abundance and community structure in sublittoral soft sediments. *Journal of Experimental Marine Biology and Ecology*, 91 (3): 247-262.

Geffard, O., 2001. **Toxicité potentielle des sédiment marins et estuariens contaminés : Évaluation chimique et biologique, biodisponibilité des contaminants sédimentaires.** Thèses de Doctorat. Université de Bordeaux I. 350 p.

Giere, O., 1993. **Meiobenthology. The microscopic fauna in aquatic sediments.** Springer-Verlag. Berlin. 328 p.

Grémare, A., Amouroux, J.-M., Charles, F., Dinet, A., Riaux-Gobin, C., Baudart, J., Medernach, L., Bodiou, J.-Y., Vétion, G., Colomines, J. C. & Albert, P., 1997. Temporal changes in the biochemical composition and nutritional value of the particulate organic matter available to surface deposit-feeders: A two year study. *Marine Ecology Progress Series*, 150: 1-3.

Grémare, A., Medernach, L., De Bovée, F., Amouroux, J.-M., Charles, F., Dinet, A., Vétion, G., Albert, P. & Colomines, J. C., 2003. Relationship between sedimentary organic matter and benthic fauna within the Gulf of Lion: Synthesis on the identification of new biochemical descriptors of sedimentary organic nutritional value. *Oceanologica Acta*, 26 (4): 391-406.

Grémare A, Medernach L, Debovée F, Amouroux Jm, Vétion G, Albert, P. & Colomines, J.C., 2002. Relationships between sedimentary organics and benthic meiofauna on the continental shelf and the upper slope of the Gulf of Lions (NW Mediterranean). *Marine Ecology Progress Series*, 234: 85-94.

Grenz, C., Denis, L., Boucher, G., Chauvaud, L., Lavier, J., Fichez, R. & Pringault, O., 2003. Spatial variability in sediment oxygen consumption under winter conditions in a lagoonal system in New Caledonia (South Pacific). *Journal of Experimental Marine Biology and Ecology*, 285 (286): 33-47.

H

Harvey, R.W. & Luoma, S.N., 1985. Effect of adherent bacteria and bacterial extracellular polymers upon assimilation by *Macoma balthica* of sediment-bound Cd, Zn and Ag. *Marine Ecology Progress Series*, 22 **(3):** 281-289.

Heip, C., Vincx, M. & Vranken, 1985. The ecology of marine nematodes. *Oceanography and Marine Biology: An Annual Review*, 23: 399-489.

Higgins, R.P. & Thiel, H., 1988. **Introduction to the study of meiofauna.** Smithsonian Institution Press. Washington. 488 p.

Howell, R., 1982a. Levels of heavy metal pollutants in two species of marine nematodes. *Marine Pollution Bulletin*, 13 **(11):** 396-398.

Howell, R., 1982b. The secretion of mucus by marine nematodes (*Enoplus Spp.*): a possible mechanism influencing the uptake and loss of heavy metal pollutants. *Nematologica*, 28 **(1):** 110-114.

Howell, R., 1983. Heavy metals in marine nematodes: Uptake, tissue distribution and loss of copper and zinc. *Marine Pollution Bulletin*, 14 **(7):** 263-268.

Howell, R. & Smith, L., 1983. Binding of heavy metals by the marine nematode *Enoplus brevis* Bastian, 1865. *Nematologica*, 29 **(1):** 39-48.

I

ISEE, 2003. **Le Bilan 2003**. Institut de Statistique et des études économiques de Nouvelle-Calédonie.np.

ISRS, 2004. The effects of terrestrial runoff of sediment, nutrients and other polluants on coral reefs. *Briefing Paper 3, International Society for Reef Studies*, 18p.

Ittekkot, V., 1988. Global Trends in the Nature of Organic Matter in River Suspensions. *Nature*, 332 **(6163):** 436-438.

J

Jain, C.K., Bhatia, K.K.S.&Seth, S.M., 1998. Assessment of point and non-point sources of pollution using a chemical mass balance approach. *Hydrological Sciences - Journal des Sciences Hydrologiques*, 43 **(3):** 379-390.

K

Kenndy, A. D. & Jacoby, C. A., 1999. Biological indicators of marine environmental health: Meiofauna - a Neglected benthic component? *Environmental Monitoring and Assessment*, 54: 47-68.

Kennish, M. J., 1992. **Ecology of estuaries: Anthropogenic effects**. CRC Press. 494 p.

Krishnamurthy, K., Ali, S.M.A. & Jeyaseelan, P., 1984. Structure and dynamics of the aquatic food web community with special reference to nematodes in mangrove ecosystems. Proceedings of the Asian Symposium on Mangrove Environment - Research and Management. Kuala Lumpur (Malaysia). p: 429-452.

L

Labrosse, P., Letourneur, Y., Kulbicki, M. & Paddon, J. R., 2000. Fish stock assessment of the Northern New Caledonian Lagoons: 3 - Fishing pressure, potential yields and impact on management options. *Aquatic Living Resources*, 13 **(2):** 91-98.

Launay, J., 1972. La sédimentation en Baie de Dumbéa (Côte Ouest - Nouvelle-Calédonie). *Cahiers ORSTOM, séries Géologie.*, 4 **(1):** 25-51.

Long, E.R., 1992. Ranges in Chemical concentrations in sediments associated with adverse biological effects. *Marine Pollution Bulletin*, 24 **(1):** 38-45.

Long, E. R., 2000. Degraded sediment quality in U.S. Estuaries: A review of magnitude and ecological implications. *Ecological Applications*, 10 **(2):** 338-349.

Long, E. R., MacDonald, D. D., Smith, S. L. & Calder, F. D., 1995. Incidence of adverse biological effects within ranges of chemical concentrations in marine and estuarine sediments. *Environmental Management*, 19 **(1):** 81-97.

Long, E. R. & Morgan, L. G., 1990. **The potential for biological effects of sediment-sorbed contaminants tested in the national status and trends program.** US National Oceanic and Atmospheric Administration. Seattle, Washington. 175p.

M

Macdonald, D. D., Carr, R. S., Calder, F. D., Long, E. R. & Ingersoll, C.G., 1996. Development and evaluation of sediment quality guidelines for Florida coastal waters. *Ecotoxicology*, 5 **(4):** 253-278.

Mason, A. Z. & Jenkins, K.D., 1995. **Metal Detoxication in Aquatic Organisms. In Metal Speciation and Bioavailability in Aquatic Systems.** Wiley & Sons, Chichester. p: 469-608.

Mayer, L. M., Schick, L. L., Sawyer, T. & Plante, C. J., 1995. Bioavailable amino acids in sediments: A biomimetic, kinetics-based approach. *Limnology and Oceanography*, 40 **(3):** 511-520.

Mayer, L. M., Schick, L. L. & Setchell, F. W., 1986. Measurement of protein in nearshore marine sediments. *Marine Ecology Progress Series*, 30 **(2-3):** 159-165.

McCarty, L. S. & Mackay, D., 1993. Enhancing Ecotoxicological Modeling and Assessment. 27: 1719-1728.

Monniot, F., Martoja, M. & Monniot, C., 1994. Cellular sites of iron and nickel accumulation in ascidians related to the naturally and anthropic enriched New Caledonian environment. *Annales de l'Institut Océanographique, Paris. Nouvelle serie.*, 2 **(70):** 205-216.

N

Neveux, J. & Lantoine, F., 1993. Spectrofluorometric assay of chlorophylls and phaeopigments using the least squares approximation technique. *Deep Sea Research Part I: Oceanographic Research Papers*, 40 **(9):** 1747-1765.

NOAA, 1999. **Screening Quick Reference Tables (Squirts).** Hazmat Report. 99p

P

Paris, J. P., 1981. Notes d'histoires Calédoniennes. Les "Petites Dépendances" de la Nouvelle-Calédonie. *Bulletin de Sociologie et Histoire, Nouvelle-Calédonie*, 41: 9-32.

Premuzic, E. T., Benkovitz, C. M., Gaffney, J. S. & Walsh, J. J., 1982. The nature and distribution of organic matter in the surface sediments of world oceans and seas. *Organic geochemistry*, 4: 63-77.

R

Raffaelli, D., 1987. The behaviour of the nematode/copepod ratio in organic pollution studies. *Marine environmental research*, 23 **(2):** 135-152.

Raffaelli, D. G. & Mason, C. F., 1981. Pollution monitoring with meiofauna, using the ratio of nematodes to copepods. *Marine Pollution Bulletin*, 12 **(5):** 158-163.

Ravera, O., 2001. Monitoring of the aquatic environmental by species accumulator of polltants : A review. *Journal of Limnology*, **(Suppl.1):** 63-78.

Renaud-Debyser, J., 1965. Note préliminaire sur la microfaune des fonds meubles du Lagon (Baie de Saint-Vincent). *Cahiers du Pacifique*, 7: 107-116.

Richer de Forges, B., 1991. **Le benthos des fonds meubles des lagons de Nouvelle-Calédonie.** Études et Thèses. ORSTOM Editions. Paris. vol. I, 311p.

Richer de Forges, B., 1996. **Le benthos des fonds meubles des lagons de Nouvelle-Calédonie (Sédimentologie, Benthos)**. Études et Thèses. ORSTOM Editions. Paris. vol. II, 205 p.

Richer de Forges, B., 1997. **Le benthos des fonds meubles des lagons de Nouvelle-Calédonie.** Études et Thèses. ORSTOM Editions. Paris. vol. III, 139 p.

Riemann, F. & Schirage, M., 1978. The mucus-trap hypothesis on feeding of aquatic nematodes and implications for biodegradation and sediment texture. *Oecologia*, 34 75-88.

Rougerie, F., 1986. **Le Lagon Sud-Ouest de Nouvelle-Calédonie: Spécificité hydrologique, dynamique et productivité.** Études et thèses. ORSTOM. Paris. 234 p.

Rzeznik-Orignac, J., Fichet, D. & Boucher, G., 2003. Spatio-temporal structure of the nematode assemblages of the brouage mudflat (Marennes Oleron, France). *Estuarine, Coastal and Shelf Science*, 58 **(1):** 77-88.

Rzeznik-Orignac, J., Fichet, D. & Boucher, G., 2004. Extracting massive numbers of nematodes from muddy marine deposits : Efficiency and selectivity. *Nematology*, 6 **(4):** 605-616.

S

Salvat, B., 1964. Prospections faunistiques en Nouvelle-Calédonie dans le cadre de la Mission d'études des Récifs Coralliens. *Cahiers du Pacifique*, **(6):** 77-119.

Salvat, B., 1965. Etude Préliminaire de quelques fonds meubles du Lagoon Calédonien. *Cahiers du Pacifique*, **(7):** 101-106.

Somerfield, P. J., Gee, J. M. & Warwick, R. M., 1994a. Soft Sediment Meiofaunal Community Structure in Relation to a Long-Term Heavy Metal Gradient in the Fal Estuary System. *Marine Ecology Progress Series*, 105 **(1-2):** 79-88.

Somerfield, P. J., Michael Gee, J. & Warwick, R.M., 1994b. Benthic community structure in relation to an instantaneous discharge of waste water from a tin mine. *Marine Pollution Bulletin*, 28 **(6):** 363-369.

Szefer, P., Rokicki, J., Frelek, K., Skora, K. & Malinga, M., 1998. bioaccumulation of selected trace elements in lung nematodes, *Pseudalius inflexus*, of harbor porpoise

(Phocoena *phocoena*) in a polish zone of the Baltic Sea. *The Science of the Total Environment*, 220 **(1)**: 19-24.

T

Taisne, B., 1965. **Organisation Et Hydrographie**. Singer-Polignac. Paris. p: 51-82

Tenório, M.M.B., Le Borgne, R., Rodier, M. & Neveux, J., 2005. The impact of terrigeneous inputs on the Bay of Ouinné (New Caledonia) phytoplankton communities: A spectrofluorometric and microscopic approach. *Estuarine, Coastal and Shelf Science*, 64: 531-535.

Testau, J. L. & Conand, F., 1983. Estimations des surfaces des différentes zones des Lagons de Nouvelle-Calédonie. ORSTOM, Nouméa. 5 p.

Thomassin, B.A., 1981. Étude de l'impact du Projet "Nocal" sur l'environnement marin de Nouvelle-Calédonie. Phase III - Océanographie : Benthos. B.R.G.M., Commande Gg/Mp, no. 1604. 108p.

V

Van Damme, D., Heip, C. & Willems, K.A., 1984. Influence of pollution on the harpacticoid copepods of two North Sea estuaries. *Hydrobiologia*, 112 **(2)**: 143-160.

W

Wang, W.-X., Stupakoff, I. & Fisher, N.S., 1999. Bioavailability of dissolved and sediment-bound metals to a marine Deposit-Feeding polychaete. *Marine Ecology Progress Series*, 178: 281-293.

Warwick, R.M., 1981. The nematode/copepod ratio and its use in pollution ecology. *Marine Pollution Bulletin*, 12 **(10)**: 329-333.

Warwick, R. M., 1988. The level of taxonomic discrimination required to detect pollution effects on marine benthic communities, *Marine Pollution Bulletin*, 19 **(6)**: 259-268.

Warwick, R. M., Carr, M. R., Clarke, K. R., Gee, J. M. & Green, R. H., 1988. A mesocosm experiment on the effects of hydrocarbon and copper pollution on a sublittoral soft-sediment meiobenthic community. Biological effects of pollutants. Results of a practical Workshop. Oslo (Norway). 46: 181-191.

Webb, J. S., Thornton, L., Thompson, M., Howarth, R.J. & Lowenstein, P. L., 1978. **The wolfson geochemical atlas of England and Wales**. Clarendon Press. Oxford. 69 p.

Wentwoth, C.K., 1922. A scale of grade and class terms for clastic sediments. *Journal of Geology*, 30: 377-392.

Weydert, P., 1976. Manuel de sédimentologie et d'arénologie. *Publication du Laboratoire de Sédimentoligie de Marseille*, 64 p.

ANNEXE I

Tableaux et Figures

Tableau VII : Variables environnementales et biologiques mesurées en juillet 2002 dans le Lagon Sud-Ouest de la Nouvelle-Calédonie. AAT- acides aminés totaux; AAD- acides aminés disponibles.

Variables	M23	M25	M26	D02	D07	D09	D11	D16	D64	N04	N10	N12	N19	N26	B03	B08	B17
Variables de la colonne d'eau																	
Température (°C)	21.92	21.93	21.97	22.11	21.76	21.51	21.56	21.73	20.94	21.74	21.64	21.71	21.68	21.61	21.49	21.50	21.77
Salinité (PSU)	35.31	35.26	35.34	34.93	35.09	35.03	35.05	35.19	33.72	35.29	35.27	35.28	35.27	35.29	35.12	35.16	35.30
Irradiance (PAR)	2.32	1.64	3.20	1.62	1.70	8.72	2.63	2.00	2.578	1.475	8.92	4.33	6.86	3.65	1.54	4.13	1.41
Turbidité (FTU)	1.11	3.02	2.83	4.71	2.60	4.30	2.38	2.36	4.243	5.085	1.36	2.23	1.29	1.06	3.59	1.50	6.20
Caractéristiques du sédiment																	
Température (°C)	21.1	19.9	20	20.9	21.2	20.7	22.4	22.7	20.7	21.4	21.2	21.2	21.2	21.9	21	21	21
Redox 1er cm (mV)	-86.00	-110.70	-89.00	-110.30	-111.50	-130.10	-182.00	-110.00	-181.30	-180.20	-173.40	-157.60	-169.60	9.80	-142.70	-23.20	-20.40
Proportion <63 µm (%)	66.52	67.81	56.93	71.06	44.31	60.21	45.76	54.92	44.34	54.70	63.55	62.28	58.48	56.13	50.97	51.05	41.50
Chlorophylle a (µg.g PS⁻¹)	4.71	1.58	3.31	2.42	1.73	0.5	5.4	4.32	4.17	2.33	2.37	1.52	3.06	2.07	4.47	2.32	1.62
Phaeophytine a (µg.g PS⁻¹)	2.41	3.03	4.16	2.86	2.44	1.57	7.45	5.76	12.97	8.45	8.98	5.95	8.06	3.34	5.76	5.2	4.32
Carbone total (% PS)	9.63	7.98	7.69	7.22	10.40	8.58	9.73	11.61	6.63	8.96	9.12	9.21	7.73	9.54	4.45	7.18	10.08
Carbone organique (% PS)	0.49	0.74	0.44	0.86	0.74	0.71	1.03	0.82	1.18	1.17	0.69	0.75	0.77	0.53	1.01	0.90	0.71
Azote (% PS)	0.09	0.09	0.07	0.1	0.12	0.13	0.12	0.12	0.17	0.15	0.07	0.11	0.1	0.07	0.07	0.06	0.07
Rapport C/N	5.44	8.22	6.29	8.60	6.17	5.46	8.58	6.83	6.94	7.80	9.86	6.82	7.70	7.57	14.43	15.00	10.14
AAT (nmoles.mg PS⁻¹)	28.24	25.43	18.28	19.01	27.05	27.66	37.41	32.95	50.65	45.37	21.99	33.35	32.90	25.13	28.33	33.23	30.17
AAD (nmoles.mg PS⁻¹)	5.51	6.47	4.53	3.86	4.72	5.05	7.09	5.83	7.70	5.43	4.07	4.06	4.69	4.00	4.14	4.63	5.15
Rapport AAD/AAT	19.51	25.24	24.78	20.32	17.44	18.25	18.95	17.71	15.20	11.98	18.49	12.18	14.24	15.92	14.62	13.93	17.07

Tableau VIII : Variables environnementales et biologiques mesurées en décembre 2002 dans le Lagon Sud-Ouest de la Nouvelle-Calédonie. AAT-acides aminés totaux; AAD- acides aminés disponibles.

Variables	M23	M25	M26	D02	D07	D09	D11	D16	D64	N04	N10	N12	N19	N26	B03	B08	B17
Variables de la colonne d'eau																	
Température l'eau (°C)	24.39	24.41	25.33	25.17	25.35	25.08	25.21	25.09	25.02	26.31	26.14	26.10	26.31	25.25	26.62	25.25	25.27
Salinité	36.01	36.04	36.06	36.16	36.14	36.19	36.17	36.16	36.41	35.86	36.07	36.07	36.07	35.84	35.97	35.86	35.84
Irradiance (PAR)	2.81	3.06	4.94	7.40	1.07	2.02	1.51	1.03	1.43	1.47	1.93	1.80	1.75	1.62	1.94	6.28	3.50
Turbidité (FTU)	1.58	4.11	2.13	4.85	5.27	9.18	2.23	8.51	2.52	13.69	5.44	1.50	1.55	1.47	10.28	1.87	5.65
Chlorophylle a (µg/l)	0.03	0.03	0.02	0.12	0.09	0.05	0.06	0.06	0.05	0.07	0.05	0.04	0.05	0.03	0.08	0.04	0.03
Variables sédiment																	
Température sédiment (°C)	23.80	23.90	24.30	24.20	25.00	24.60	24.20	24.40	24.60	25.20	26.00	24.60	25.20	24.80	24.90	24.60	25.10
Redox 1er cm (mV)	64.50	-88.40	-89.70	-188.00	-193.90	-270.60	-185.00	-135.40	-231.50	-179.40	-155.00	-68.00	-161.20	-55.30	-12.10	-129.50	-0.40
Proportion <63 µm (%)	53.35	59.23	53.73	52.45	66.71	65.75	55.88	65.68	48.59	67.39	50.16	54.34	49.60	51.94	63.05	79.35	53.02
Chlorophylle a (µg.g PS⁻¹)	4.18	3.15	2.22	4.51	3.64	1.22	5.83	0.58	3.89	9.40	2.46	1.64	3.82	1.51	6.96	0.43	3.18
Phaeophytine a (µg.g PS⁻¹)	4.19	4.32	2.65	9.28	6.18	6.02	11.84	4.51	18.25	9.53	10.62	7.60	7.39	3.75	13.87	4.19	9.08
Carbone total (% PS)	9.57	8.00	8.78	7.84	10.40	8.61	9.69	11.56	7.11	9.10	8.82	9.40	7.73	9.69	3.94	7.24	9.50
Carbone organique (% PS)	0.61	0.39	0.49	0.72	0.82	0.86	1.13	0.75	1.07	1.08	0.47	0.76	0.72	0.42	1.09	0.72	0.69
Azote (% PS)	0.09	0.04	0.06	0.08	0.11	0.07	0.14	0.11	0.14	0.12	0.04	0.09	0.10	0.07	0.12	0.11	0.11
Rapport C/N	6.78	9.75	8.17	9.00	7.45	12.29	8.07	6.82	7.64	9.00	11.75	8.44	7.20	6.00	9.08	6.55	6.27
AAT (nmol.mg PS-1)	28.80	16.19	25.63	24.59	27.44	24.38	44.39	35.38	45.43	41.39	20.86	32.83	39.95	22.07	33.35	29.37	33.96
AAD (nmol.mg PS⁻¹)	5.00	3.44	3.98	3.75	4.33	3.56	4.78	3.31	4.85	3.37	2.29	2.99	5.58	3.25	5.36	3.14	4.41
Rapport AAD/AAT	17.28	21.27	15.54	15.25	15.78	14.58	10.76	9.36	10.67	8.14	10.97	9.10	13.97	14.71	16.06	10.69	13.00

Tableau IX : Pourcentages des différentes particules selon leur taille (Classification d'après l'échelle de Wentworth, 1922) pour chacune des stations du Lagon Sud-Ouest en juillet et décembre 2002.

Prélèvements	Stations	Silt et argile	Sable très fin	Sable fin	Sable moyen	Sable grossier	Sable très grossier
	M23	66,52	16,98	8,88	3,76	3,50	0,36
	M25	67,81	18,54	6,32	5,08	2,26	0,00
	M26	56,93	21,55	9,59	6,14	5,21	0,58
	D02	71,06	24,02	3,53	0,95	0,43	0,00
	D07	44,31	22,99	17,03	9,16	5,55	0,97
	D09	60,21	22,56	11,04	4,97	1,22	0,00
	D11	45,76	17,25	19,72	13,43	3,72	0,12
	D16	54,92	19,26	14,96	8,64	2,01	0,22
Juillet 2002	D64	44,34	36,81	15,38	3,15	0,31	0,00
	N04	54,70	25,49	14,09	5,24	0,47	0,00
	N10	63,55	19,19	9,93	5,46	1,87	0,01
	N12	62,28	23,88	10,39	3,04	0,40	0,00
	N19	58,48	21,24	12,33	6,46	1,48	0,00
	N26	56,13	19,55	10,34	8,62	5,24	0,12
	B03	50,97	15,60	17,66	13,58	2,19	0,00
	B08	51,05	16,10	17,60	12,85	2,40	0,00
	B17	41,50	24,30	15,91	9,94	7,53	0,83
	M23	53,35	20,14	13,08	10,24	3,20	0,00
	M25	59,23	21,41	8,34	6,20	4,68	0,15
	M26	53,73	18,22	8,95	8,25	8,52	2,33
	D02	52,45	19,12	16,48	9,70	2,25	0,00
	D07	66,71	28,62	4,67	0,00	0,00	0,00
	D09	65,75	15,96	4,00	9,65	4,64	0,00
	D11	55,88	14,57	14,92	11,54	3,10	0,00
	D16	65,68	14,80	11,08	7,16	1,28	0,00
Décembre 2002	D64	48,59	24,03	20,30	7,05	0,02	0,00
	N04	67,39	24,53	7,59	0,48	0,00	0,00
	N10	50,16	26,27	11,87	6,51	4,89	0,29
	N12	54,34	28,02	15,11	2,44	0,10	0,00
	N19	49,60	22,26	16,11	8,37	3,42	0,24
	N26	51,94	21,65	12,24	8,45	5,60	0,13
	B03	63,05	12,81	12,19	9,87	2,08	0,00
	B08	79,35	9,15	6,73	4,24	0,53	0,00
	B17	53,02	22,33	12,10	7,68	4,79	0,07

Tableau X : Pourcentages de contribution des particules > 2000µm dans chacune des stations du Lagon Sud-Ouest en juillet 2002 et décembre 2002.

Prélèvements	Stations	Taille des particules (%)		
		2000-2500 µm	2500-3150 µm	>3150 µm
	M23	2,60	3,11	5,37
	M25	1,60	1,58	1,36
	M26	2,64	3,14	4,91
	D02	1,71	4,32	4,32
	D07	1,77	1,60	4,25
	D09	4,21	5,75	34,88
	D11	0,85	0,27	4,42
Juillet	D16	0,42	0,45	2,56
2002	D64	0,63	0,95	0,38
	N04	0,05	0,00	0,00
	N10	8,18	6,44	5,47
	N12	0,00	0,00	0,00
	N19	0,51	0,09	0,00
	N26	3,89	3,53	13,55
	B03	0,21	0,12	1,44
	B08	0,20	0,08	1,01
	B17	1,05	0,63	0,73
	M23	3,47	3,89	20,15
	M25	2,09	3,38	18,88
	M26	2,81	2,38	2,69
	D02	1,26	0,46	10,14
	D07	3,48	2,36	2,40
	D09	5,20	5,02	15,75
	D11	0,29	0,14	1,00
Décembre	D16	0,68	1,13	10,40
2002	D64	0,00	0,07	0,00
	N04	0,11	0,16	0,02
	N10	3,05	2,84	8,29
	N12	0,00	0,00	0,00
	N19	0,40	0,17	2,08
	N26	4,18	3,64	9,49
	B03	0,56	0,32	0,80
	B08	0,00	0,03	0,00
	B17	0,59	0,33	0,31

Tableau XI : Concentrations en métaux (μg.g PS^{-1}) des sédiments prélevés en juillet 2002 dans le Lagon Sud-Ouest.

Éléments	Co	Cr	Cu	Mn	Ni	Zn	Pb
M23	5,32 ±0,29	59,15 ±2,93	3,28 ±0,13	66,97 ±0,00	96,17 ±6,28	12,29 ±1,17	1,69 ±0,06
M25	7,65 ±0,45	76,87 ±1,07	6,22 ±0,40	121,26 ±1,74	116,54 ±1,93	19,18 ±0,78	2,12 ±0,02
M26	5,66 ±0,15	41,93 ±0,62	4,89 ±0,15	238,56 ±1,47	53,55 ±1,86	13,75 ±1,21	1,24 ±0,06
D02	79,04 ±1,81	269,53 ±1,26	16,40 ±0,22	357,02 ±3,64	2323,11 ±37,04	147,87 ±1,77	52,25 ±4,54
D07	98,21 ±1,16	401,06 ±6,29	12,17 ±0,09	367,01 ±4,61	2852,71 ±39,42	180,63 ±6,01	36,25 ±3,56
D09	57,11 ±0,75	299,36 ±6,52	13,78 ±0,48	301,48 ±4,78	1455,17 ±27,41	145,07 ±2,95	27,28 ±0,27
D11	72,18 ±1,19	360,59 ±9,11	14,26 ±0,23	403,15 ±5,20	1853,31 ±24,10	154,77 ±2,04	31,21 ±1,52
D16	46,69 ±1,12	310,08 ±8,96	14,60 ±0,73	285,02 ±5,83	1136,27 ±21,27	113,22 ±3,00	22,73 ±1,08
D64	37,55 ±0,41	333,92 ±1,33	7,13 ±0,04	338,34 ±2,94	574,02 ±2,75	55,60 ±0,69	7,86 ±0,16
N04	14,46 ±0,21	154,07 ±0,20	16,85 ±0,72	187,64 ±0,44	228,52 ±2,65	68,36 ±0,49	25,95 ±0,06
N10	14,81 ±0,28	187,59 ±0,27	4,24 ±0,14	156,30 ±0,48	263,71 ±0,66	27,61 ±0,38	6,52 ±0,08
N12	14,89 ±0,07	179,09 ±2,65	9,21 ±0,26	178,28 ±1,67	244,22 ±3,18	44,33 ±3,15	12,83 ±0,12
N19	16,26 ±0,12	193,29 ±0,97	5,62 ±0,18	214,96 ±0,09	274,05 ±1,92	34,19 ±1,05	8,73 ±0,17
N26	8,31 ±0,12	107,30 ±1,09	2,10 ±0,36	86,65 ±0,71	135,87 ±2,43	17,10 ±0,57	4,26 ±0,15
B03	263,22 ±1,39	2730,81 ±18,23	17,70 ±0,68	1742,48 ±29,00	3952,42 ±19,33	123,55 ±0,71	4,38 ±0,06
B08	107,98 ±0,18	1337,46 ±8,13	9,22 ±0,33	804,59 ±7,58	1866,48 ±5,81	67,87 ±0,70	3,84 ±0,09
B17	40,82 ±0,44	499,01 ±10,56	4,71 ±0,09	346,91 ±7,20	671,44 ±11,72	33,55 ±0,89	3,81 ±0,22

Tableau XII : Concentrations en métaux (μg.g PS^{-1}) des sédiments prélevés en décembre 2002 dans le Lagon Sud-Ouest.

Éléments	Co	Cr	Cu	Mn	Ni	Zn	Pb
M23	8,60 ±0,24	96,52 ±1,04	5,02 ±0,29	100,24 ±1,24	147,16 ±1,06	20,67 ±3,74	1,85 ±0,05
M25	5,81 ±0,24	46,02 ±1,35	4,58 ±0,18	223,78 ±21,57	58,30 ±2,22	13,39 ±0,18	1,28 ±0,02
M26	8,18 ±0,06	86,37 ±0,23	5,50 ±0,24	218,40 ±108,94	124,20 ±0,75	21,36 ±1,54	2,01 ±0,04
D02	61,12 ±0,61	294,01 ±5,08	13,79 ±0,40	302,19 ±5,78	1725,88 ±11,12	123,55 ±1,64	28,43 ±1,86
D07	90,37 ±0,77	363,18 ±3,65	11,94 ±0,27	322,29 ±3,53	2569,32 ±30,98	160,95 ±25,98	32,57 ±2,43
D09	48,55 ±1,55	224,49 ±7,44	9,99 ±0,72	221,29 ±7,48	1241,46 ±40,96	120,18 ±4,70	25,82 ±0,74
D11	58,44 ±6,89	358,09 ±47,00	15,02 ±2,01	357,94 ±45,25	1319,95 ±161,56	160,06 ±19,81	37,28 ±4,89
D16	31,42 ±2,51	248,58 ±19,16	24,86 ±2,43	226,09 ±18,14	670,87 ±54,56	96,06 ±1,83	28,18 ±2,61
D64	39,15 ±0,34	349,16 ±4,44	7,13 ±0,08	353,38 ±3,75	610,18 ±6,08	59,48 ±2,56	8,57 ±0,07
N04	15,00 ±0,05	150,96 ±1,09	16,22 ±0,25	160,20 ±1,17	221,61 ±3,85	65,36 ±0,99	24,10 ±0,42
N10	16,68 ±0,48	209,89 ±10,12	4,81 ±0,27	175,17 ±8,39	282,69 ±14,50	30,58 ±1,45	6,45 ±0,11
N12	14,80 ±0,30	169,54 ±2,80	9,06 ±0,11	157,63 ±2,36	222,24 ±2,97	37,93 ±0,80	10,98 ±0,26
N19	15,84 ±0,64	192,93 ±5,40	5,53 ±0,19	209,64 ±3,30	255,46 ±7,63	33,25 ±1,79	7,34 ±0,36
N26	8,73 ±0,18	111,99 ±2,34	2,44 ±0,10	86,29 ±0,24	133,05 ±4,31	17,31 ±0,34	5,00 ±0,12
B03	312,91 ±8,08	3231,53 ±100,91	19,88 ±0,42	1875,48 ±37,68	4439,57 ±100,73	140,87 ±3,09	5,07 ±0,16
B08	115,38 ±0,45	1412,78 ±8,36	9,58 ±0,06	799,20 ±1,27	1839,69 ±11,41	67,40 ±1,00	3,85 ±0,05
B17	40,34 ±1,11	474,31 ±13,13	4,24 ±0,22	315,19 ±6,17	606,65 ±17,52	31,38 ±2,00	3,22 ±0,08

Tableau XIII : Densités moyennes des différentes composantes de la méiofaune (ind.10 cm⁻²) aux stations du Lagon Sud-Ouest en juillet 2002. Stations M- Baie Maa: Stations D02 à D16-Grande Rade et D64-Baie de Dumbéa: Stations N- Baie de Sainte-Marie: et Stations B- Baie de Boulari.

Taxa	M23	M25	M26	D02	D07	D09	D11	D16	D64
Nematodes	896,5 ±170.19	906.75 ±182.42	1663.25 ±225.43	1248.25 ±370.38	546.5 ±97.26	428.25 ±209.55	882 ±131.83	667.75 ±408.17	1041.5 ±275.16
Copépodes	423,75 ±142.63	717 ±77.10	302.25 ±62.03	291 ±169.29	108.75 ±33.83	193 ±101.58	82.5 ±27.74	76.25 ±2.75	51.75 ±17.80
Nauplii	578,25 ±141.37	707.75 ±176.57	557.75 ±177.07	279.5 ±117.88	123 ±25.99	220.75 ±129.84	60.5 ±18.43	163.75 ±59.05	79.25 ±29.12
Polychètes	81.5 ±42.98	89 ±21.60	60.5 ±23.12	78.5 ±30.58	48 ±15.08	84.25 ±41.76	63 ±10.23	86 ±25.55	160.75 ±40.51
Turbellaires	55 ±17.19	46 ±17.17	73 ±7.48	75.25 ±15.84	66.25 ±30.20	14.5 ±9.75	14.25 ±3.39	21 ±2.16	18.5 ±10.60
Oligochètes	2,5 ±1.00	2.75 ±0.50	3.25 ±2.22	5 ±2.58	7.25 ±1.50	3.75 ±1.71	4.5 ±0.58	1.75 ±1.50	14.5 ±9.43
Ostracodes	13.75 ±8.22	45.75 ±11.12	25.25 ±7.14	44 ±24.91	78.75 ±17.11	29.5 ±25.27	34 ±14.76	55.75 ±12.95	30 ±6.38
Kinorhynches	105 ±41.82	20.25 ±10.97	88 ±22.55	87.5 ±15.55	11 ±1.41	21.5 ±11.15	18.75 ±9.39	5 ±3.92	12.25 ±2.75
Tardigrades	2 ±1.41	2 ±1.41	6.75 ±3.86	0 ±0.00	0 ±0.00	6.5 ±4.51	8.25 ±6.24	0.5 ±0.58	0 ±0.00
Gnathostomulides	2 ±1.15	1.25 ±0.50	4.25 ±1.89	15.25 ±7.50	4 ±1.41	0 ±0.00	10.75 ±6.24	8.25 ±2.87	0.5 ±0.58
Gastrotriches	0 ±0.00	0.25 ±0.50	0.25 ±0.50	1 ±115	0 ±0.00	0 ±0.00	1.5 ±3.00	0.75 ±0.96	0 ±0.00
Cnidaires	3 ±1.41	20.75 ±14.31	31.75 ±29.11	12.25 ±2.63	14.75 ±4.11	2.5 ±1.29	4.5 ±3.11	1.5 ±1.29	7.5 ±3.32
Bivalves	0 ±0.00	0.25 ±0.50	1 ±0.82	1.5 ±1.00	5.5 ±2.65	0.25 ±0.50	0.25 ±0.50	0 ±0.00	0.25 ±0.50
Gastéropodes	0.5 ±0.58	5 ±4.55	4.75 ±2.06	1.75 ±1.50	15.75 ±7.09	4.75 ±4.27	23.5 ±11.96	12.25 ±2.63	3 ±1.63
Halacarides	2 ±0.82	2.25 ±1.89	3 ±3.46	1.5 ±2.38	1.75 ±0.96	3 ±1.83	0.75 ±1.50	0.75 ±0.96	1.75 ±2.22
Isopodes	0 ±0.00	0 ±0.00	0 ±0.00	0 ±0.00	0 ±0.00	0.25 ±0.50	0 ±0.00	0 ±0.00	0 ±0.00
Priapuliens	0 ±0.00	0.25 ±0.50	0 ±0.00	0 ±0.00	0 ±0.00	0 ±0.00	0 ±0.00	0 ±0.00	0 ±0.00
Larve de Priapuliens	0 ±0.00	0.25 ±0.50	0.25 ±0.50	0 ±0.00	0 ±0.00	0 ±0.00	0 ±0.00	0 ±0.00	0.50 ±0.58
Rotifères	2.25 ±1.50	0.25 ±0.50	1.25 ±0.96	0.25 ±0.50	0.25 ±0.50	0 ±0.00	0.25 ±0.50	0 ±0.00	0.25 ±0.50
Echinodermes	0 ±0.00	0 ±0.00	1 ±0.82	0 ±0.00	0 ±0.00	0.25 ±0.50	0.25 ±0.50	0 ±0.00	8.5 ±5.57
Cumacés	1.25 ±2.50	0.5 ±0.58	0.5 ±0.58	0 ±0.00	0 ±0.00	0 ±0.00	0.25 ±0.00	0 ±0.00	0 ±0.00
Amphipodes	1 ±1.15	0.75 ±0.96	1.25 ±1.26	0 ±0.00	0 ±0.00	0 ±0.00	0.5 ±0.58	0.5 ±0.58	0.75 ±0.96
Tanaidacés	4.75 ±2.87	0 ±0.00	0.5 ±0.58	0 ±0.00	0 ±0.00	0 ±0.00	0 ±0.00	0 ±0.00	0 ±0.00
Holothurides	0 ±0.00	0 ±0.00	91.75 ±75.71	0 ±0.00	0 ±0.00	0 ±0.00	0 ±0.00	0 ±0.00	0 ±0.00
Caprellides	0 ±0.00	0 ±0.00	0 ±0.00	0 ±0.00	0 ±0.00	0 ±0.00	0 ±0.00	0 ±0.00	0 ±0.00
Autres	0.50 ±0.58	2 ±3.37	1 ±1.71	0 ±0.00	6 ±6.88	4.50 ±1.00	0.25 ±0.50	0.50 ±0.58	9.75 ±5.74
Densité totale	2175,5 ±546.27	2569 ±396.97	2922.25 ±526.22	2142.5 ±684.52	1037.5 ±152.75	1017.25 ±500.27	1210.25 ±116.59	1102.25 ±447.89	1432.75 ±314.69

Tableau XIV (continuation) : Densités moyennes des différentes composantes de la méiofaune (ind.10 cm^{-2}) aux stations dans le Lagon Sud-Ouest décembre 2002. Stations M- Baie Maa: Stations D02 à D16-Grande Rade et D04-Baie de Dumbéa; Stations N- Baie de Sainte-Marie; et Stations B- Baie de Boulari.

Taxa	N04	N10	N12	N19	N26	B03	B08	B17
Nematodes	571,33 ±193,47	934 ±434,18	243 ±71,58	858,5 ±162,84	861 ±163,64	648,25 ±235,15	302,75 ±73,04	1040,5 ±414,85
Copépodes	58,67 ±28,92	195 ±71,81	24,67 ±3,79	149,75 ±77,06	240,67 ±81,12	161,75 ±30,90	98 ±59,35	324,25 ±45,68
Nauplii	59 ±28,48	221,75 ±118,30	23,67 ±9,61	147,5 ±114,01	211 ±102,01	223,5 ±137,81	93,5 ±51,36	307,5 ±56,16
Polychètes	53,67 ±31,39	74,75 ±42,67	16 ±4,36	34 ±20,18	122,67 ±17,04	74,75 ±22,72	26 ±13,74	197 ±71,61
Turbellaria	42,67 ±13,43	48,5 ±20,21	22,33 ±8,14	59,75 ±16,28	23 ±4,58	67,25 ±19,75	43 ±11,34	91,5 ±8,19
Oligochètes	8,33 ±3,79	28,5 ±21,50	8,33 ±7,09	7,25 ±2,63	19,33 ±2,31	3,25 ±2,06	1 ±0,82	3 ±1,41
Ostracodes	19 ±6,56	10,5 ±5,32	10 ±5,57	7,5 ±6,61	11 ±8,19	16,25 ±6,99	3,75 ±2,50	20,75 ±4,99
Kinorhynches	8,67 ±3,79	13,75 ±9,81	10,67 ±1,53	21,5 ±11,62	10 ±1,00	94,5 ±60,45	41,25 ±29,33	83,5 ±22,22
Tardigrades	0 ±0,00	1,25 ±2,50	0 ±0,00	0 ±0,00	0,33 ±0,58	0,75 ±0,96	0,25 ±0,50	0,75 ±0,50
Gnathostomulides	1,33 ±0,58	1 ±1,15	1 ±1,00	1,75 ±0,96	1 ±1,00	4 ±4,97	7,75 ±7,32	6,5 ±3,00
Gastrotriches	0,33 ±0,58	1,5 ±1,91	0 ±0,00	0,5 ±0,58	0,33 ±0,58	4,5 ±7,05	0,5 ±0,58	0 ±0,00
Cnidaires	3,33 ±1,53	2,25 ±2,63	0 ±0,00	4,25 ±2,36	3 ±3,61	6 ±6,06	3 ±3,56	2,5 ±1,73
Bivalves	1 ±1,00	1 ±0,00	1 ±1,00	0,25 ±0,50	2,33 ±2,08	1 ±2,00	0,25 ±0,50	1,25 ±0,50
Gastéropodes	1,67 ±1,53	8,5 ±15,00	1,67 ±1,15	1,75 ±0,96	5 ±1,00	37,25 ±9,36	1 ±0,82	13,75 ±3,50
Halacarides	2 ±1,00	0,75 ±0,96	0,33 ±0,58	1,75 ±0,96	2 ±1,00	0,75 ±0,50	1,75 ±1,50	4 ±2,71
Isopodes	0 ±0,00	0 ±0,00	0 ±0,00	0 ±0,00	0 ±0,00	0 ±0,00	0 ±0,00	1 ±0,82
Priapuliens	0 ±0,00	0 ±0,00	0 ±0,00	0,5 ±1,00	0 ±0,00	0 ±0,00	0 ±0,00	0,25 ±0,50
Larve de Priapuliens	0,33 ±0,58	0,25 ±0,50	0 ±0,00	4,00 ±3,46	0 ±0,00	0 ±0,00	0 ±0,00	0,50 ±0,58
Rotifères	0 ±0,00	4,5 ±4,04	3 ±1,00	2 ±3,37	0,67 ±1,15	4,5 ±4,80	0,25 ±0,50	0,5 ±0,58
Echinodermes	0 ±0,00	0 ±0,0	0 ±0,00	0 ±0,00	0,33 ±0,58	0 ±0,00	0 ±0,00	0 ±0,00
Cumacés	0,33 ±0,58	0 ±0,00	0 ±0,00	0 ±0,00	0,33 ±0,58	0 ±0,00	0 ±0,00	4 ±3,46
Amphipodes	2,33 ±1,53	1 ±0,82	5,67 ±3,06	0 ±0,00	0,67 ±1,15	1,5 ±1,29	0 ±0,00	4,75 ±2,87
Tanaïdacés	0 ±0,00	3,5 ±4,36	0 ±0,00	0 ±0,00	8,33 ±3,79	0,5 ±0,58	1,75 ±1,71	7,75 ±3,10
Holothuridés	0 ±0,00	0 ±0,00	0 ±0,00	2,25 ±2,87	0 ±0,00	0 ±0,00	0 ±0,00	0 ±0,00
Caprellidés	0 ±0,00	0,25 ±0,50	0 ±0,00	0 ±0,00	0 ±0,00	0 ±0,00	0 ±0,00	0 ±0,00
Autres	0 ±0,00	0,25 ±0,50	0 ±0,00	1,00 ±2,00	0,25 ±0,50	1,00 ±1,15	0 ±0,00	1,75 ±1,26
Densité totale	834 ±309,09	1552,75 ±610,65	371,33 ±78,49	1305,75 ±378,49	1523 ±364,67	1351,25 ±452,34	625,75 ±223,73	2116,5 ±549,09

Tableau XV : Contributions relatives (% de la méiofaune totale) des quatre principaux taxa aux stations du Lagon Sud-Ouest en juillet 2002.

Taxa	M23	M25	M26	D02	D07	D09	D11	D16	D22	D64	N04	N10	N12	N19	N22	N26	B03	B08	B17
Nématodes	41.2	35.3	56.9	58.3	52.6	42.1	72.9	60.6	52.5	72.7	62.7	64.7	73.1	77.6	41.2	52.9	51.1	51.8	54.3
Copépodes	19.5	27.9	10.3	13.6	10.5	19.0	6.8	6.9	10.3	3.6	5.0	6.9	1.4	3.6	18.1	14.2	16.2	16.8	12.0
Nauplii	26.6	27.5	19.1	13.0	11.8	21.7	5.0	14.9	17.1	5.5	4.7	8.3	1.9	3.1	24.8	19.0	18.8	13.9	13.2
Polychètes	3.7	3.5	2.1	3.7	4.6	8.3	5.2	7.8	9.8	11.2	10.0	9.1	10.5	3.6	5.7	6.7	6.3	4.8	10.8
Contribution totale	91.0	94.2	88.4	88.5	79.6	91.1	89.9	90.2	89.6	93.1	82.4	89.0	87.0	87.9	89.7	92.8	92.5	87.3	90.3

Tableau XVI : Contributions relatives (% de la méiofaune totale) des quatre principaux taxa aux stations du Lagon Sud-Ouest en décembre.

Taxa	M23	M25	M26	D02	D07	D09	D11	D16	D22	D64	N04	N10	N12	N19	N22	N26	B03	B08	B17
Nématodes	46.3	51.1	58.7	41.6	64.1	52.7	65.4	74.5	47.0	74.6	68.5	60.2	65.4	65.7	42.8	56.5	48.0	48.4	49.2
Copépodes	15.8	16.1	15.1	27.0	12.3	16.5	8.7	5.0	17.0	4.2	7.0	12.6	6.6	11.5	19.2	15.8	12.0	15.7	15.3
Nauplii	14.3	13.1	12.6	13.8	8.3	11.9	9.5	3.4	15.0	5.5	7.1	14.3	6.4	11.3	17.4	13.9	16.5	14.9	14.5
Polychètes	5.2	9.6	4.8	10.1	8.4	14.2	4.4	10.8	9.8	5.0	6.4	4.8	4.3	2.6	4.2	8.1	5.5	4.2	9.3
Contribution totale	81.5	89.9	91.2	92.6	93.1	95.2	88.0	93.7	88.8	89.3	89.0	91.8	82.8	91.1	83.7	94.2	82.0	83.1	88.3

Tableau XVII : Résultats des Tests de rangs de Wilcoxon et des Analyses de variance de Kruskal-Wallis, appliqués aux données biologiques et environnementales. Les chiffres en gras indiquent les tests significatifs au seuil de 5%.

Paramètres	Tests de rangs de Wilcoxon	Kruskal-Wallis	
		Juillet 2002	Décembre 2002
Paramètres Environnementaux			
Température de l'eau	**<0,001**	0,133	0,056
Salinité	**<0,001**	**0,011**	**0,006**
Irradiance	0,440	0,350	0,077
Turbidité	0,064	0,310	0,383
Caractéristiques du Sédiment			
Températue du sédiment	**<0,001**	0,090	**0,015**
Fraction <63 µm	0,530	0,087	0,590
Redox	0,290	**0,020**	**0,013**
Chlorophylle *a*	0,230	0,749	0,990
Pheophytine *a*	**0,005**	0,174	0,190
Rapport Pheo a/Chla	**0,015**	0,082	0,082
AAT	0,670	0,420	0,450
AAD	**0,004**	0,260	0,460
Rapport AAD/AAT	**<0,001**	**0,013**	0,056
Carbone organique	0,250	0,140	0,078
Azote	0,390	**0,018**	0,111
Rapport C/N	0,560	**0,043**	0,714
Métaux Lourds			
Co	0,700	**0,003**	**0,003**
Cr	0,810	**0,002**	**0,002**
Cu	1,000	0,130	0,120
Mn	0,250	**0,005**	**0,005**
Ni	0,140	**0,004**	**0,004**
Zn	0,390	**0,008**	**0,011**
Pb	0,470	**0,004**	**0,003**
Méiofaune			
Nématodes	0,57	0,07	0,18
Copépodes	0,88	**0,002**	0,13
Naupliis	0,15	**0,024**	0,05
Polychètes	0,39	0,25	0,61
Turbellariés	0,42	0,18	0,05
Oligochètes	0,42	**0,020**	**0,010**
Ostracodes	**0,008**	**0,008**	0,72
Kinorhynches	0,63	**0,020**	**0,008**
Tardigrades	**0,02**	0,45	0,12
Gnathostomulides	0,16	0,13	**0,010**
Gastrotriches	0,99	0,47	0,32
Cnidaires	**0,039**	0,31	0,32
Bivalves	**0,013**	0,94	0,26
Gastéropodes	0,18	0,59	0,50
Halacarides	**0,025**	0,10	0,31
Isopodes	0,99	0,05	0,19
Priapuliens	0,99	0,19	0,46
Rotifères	0,42	**0,030**	0,10
Cumacés	0,99	**0,014**	**0,030**
Amphipodes	0,99	**0,038**	0,12
Tanaidacés	**0,004**	0,06	**0,020**
Holothurides	1,00	0,41	0,41
Caprellidés	0,99	0,49	0,49
Densité de la méiofaune total	0,180	**0,022**	0,060
Nombre total de majeurs Taxa	0,230	**0,032**	**0,024**
Nématodes (%)	0,887	0,056	0,080
Copépodes (%)	0,560	0,060	0,470

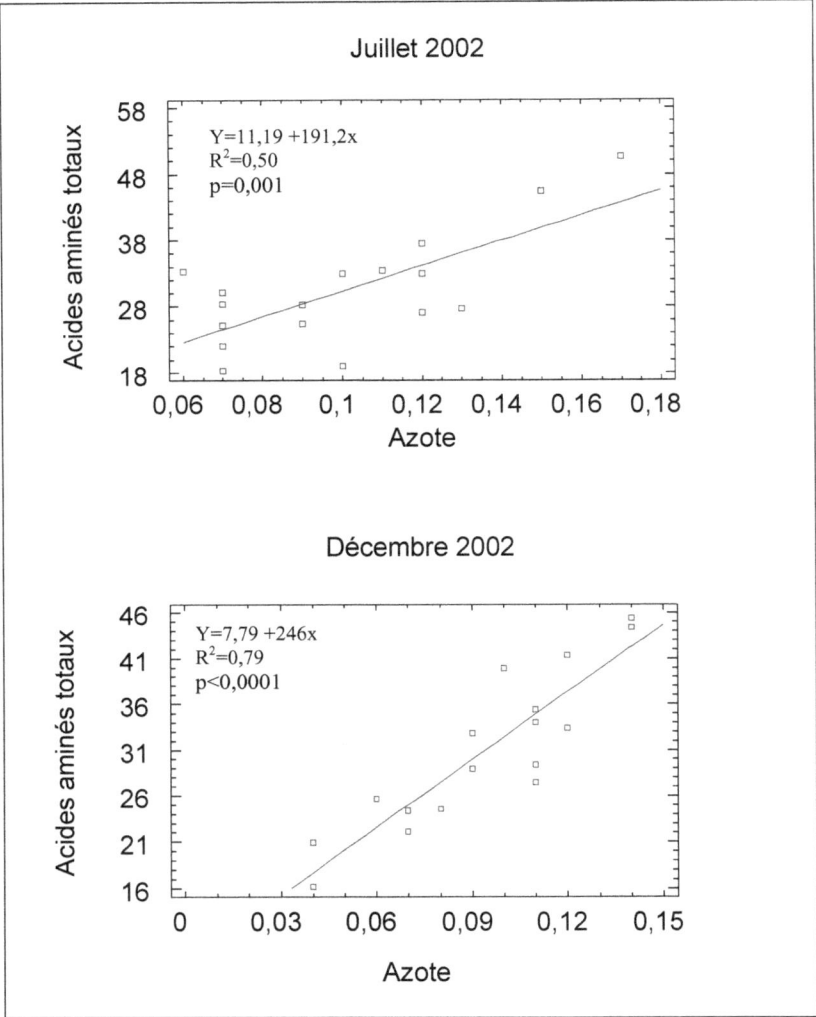

Figure 76 : Régression linéaire simple liant les concentrations en acides aminés totaux (AAT) et en azote (N) pendant les périodes étudiées.

ANNEXE II

Régression linéaire liant les concentrations en métaux dans le sédiment et dans les Nématodes du Lagon Sud-Ouest

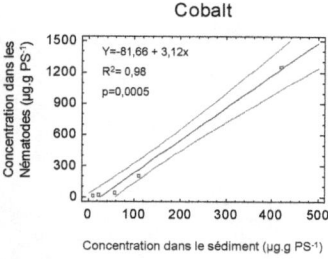

Cobalt

$Y=-81,66 + 3,12x$
$R^2= 0,98$
$p=0,0005$

Concentration dans les Nématodes (μg.g PS^{-1})

Concentration dans le sédiment (μg.g PS^{-1})

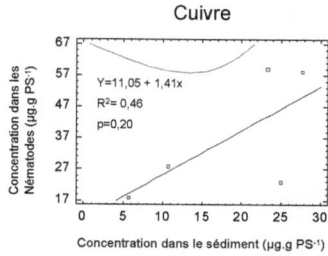

Cuivre

$Y=11,05 + 1,41x$
$R^2= 0,46$
$p=0,20$

Concentration dans les Nématodes (μg.g PS^{-1})

Concentration dans le sédiment (μg.g PS^{-1})

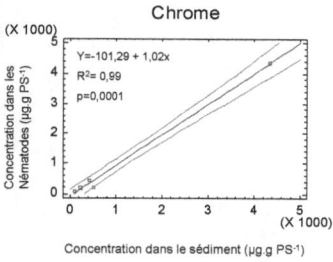

Chrome
(X 1000)

$Y=-101,29 + 1,02x$
$R^2= 0,99$
$p=0,0001$

Concentration dans les Nématodes (μg.g PS^{-1})

(X 1000)

Concentration dans le sédiment (μg.g PS^{-1})

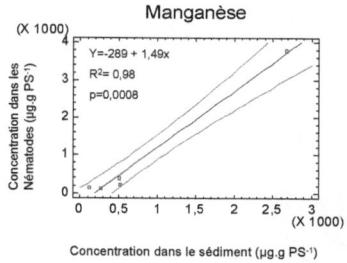

Manganèse
(X 1000)

$Y=-289 + 1,49x$
$R^2= 0,98$
$p=0,0008$

Concentration dans les Nématodes (μg.g PS^{-1})

(X 1000)

Concentration dans le sédiment (μg.g PS^{-1})

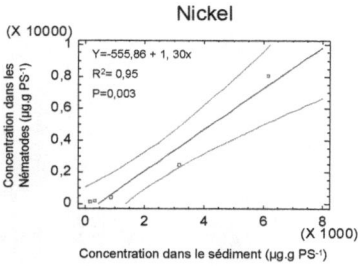

Nickel
(X 10000)

$Y=-555,86 + 1,30x$
$R^2= 0,95$
$P=0,003$

Concentration dans les Nématodes (μg.g PS^{-1})

(X 1000)

Concentration dans le sédiment (μg.g PS^{-1})

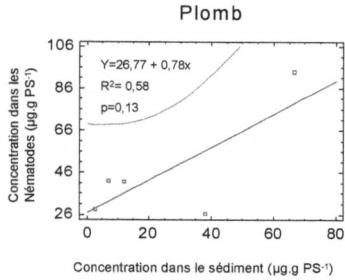

Plomb

$Y=26,77 + 0,78x$
$R^2= 0,58$
$p=0,13$

Concentration dans les Nématodes (μg.g PS^{-1})

Concentration dans le sédiment (μg.g PS^{-1})

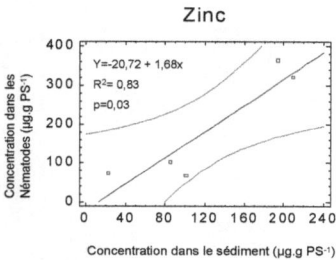

Zinc

$Y=-20,72 + 1,68x$
$R^2= 0,83$
$p=0,03$

Concentration dans les Nématodes (μg.g PS^{-1})

Concentration dans le sédiment (μg.g PS^{-1})

139

www.ingramcontent.com/pod-product-compliance
Lightning Source LLC
Chambersburg PA
CBHW021932220326
41598CB00061BA/1300